Lean

How Companies and Customers Can Create Value and Wealth Together

Solutions

精實服務

將精實原則延伸到消費端，全面消除浪費，**創造獲利**

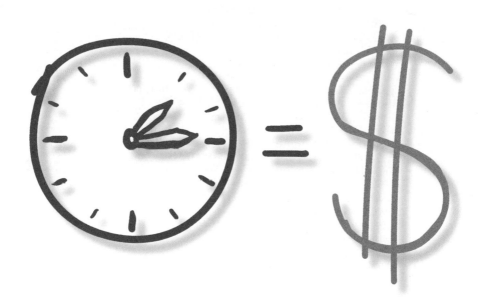

著—— **詹姆斯·沃馬克**（James P. Womack）
丹尼爾·瓊斯（Daniel T. Jones）
譯—— **褚耐安**

經營管理 166

精實服務
將精實原則延伸到消費端，全面消除浪費，創造獲利（經典紀念版）

作　　　者	詹姆斯‧沃馬克（James P. Womack）、丹尼爾‧瓊斯（Daniel T. Jones）
譯　　　者	褚耐安
責 任 編 輯	林博華
行 銷 業 務	劉順眾、顏宏紋、李君宜
總　編　輯	林博華
發　行　人	凃玉雲
出　　　版	經濟新潮社
	104台北市民生東路二段141號5樓
	電話：(02) 2500-7696　傳真：(02) 2500-1955
	經濟新潮社部落格：http://ecocite.pixnet.net
發　　　行	英屬蓋曼群島商家庭傳媒股份有限公司城邦分公司
	台北市中山區民生東路二段141號11樓
	客服服務專線：02-25007718；25007719
	24小時傳真專線：02-25001990；25001991
	服務時間：週一至週五上午09:30-12:00；下午13:30-17:00
	劃撥帳號：19863813；戶名：書虫股份有限公司
	讀者服務信箱：service@readingclub.com.tw
香港發行所	城邦（香港）出版集團有限公司
	香港灣仔駱克道193號東超商業中心1樓
	電話：(852) 25086231　傳真：(852) 25789337
	E-mail: hkcite@biznetvigator.com
馬新發行所	城邦（馬新）出版集團 Cite (M) Sdn Bhd
	41, Jalan Radin Anum, Bandar Baru Sri Petaling,
	57000 Kuala Lumpur, Malaysia.
	電話：(603) 90578822　傳真：(603) 90576622
	E-mail: cite@cite.com.my
印　　　刷	一展彩色製版有限公司
初 版 一 刷	2007年1月1日
三 版 一 刷	2020年11月3日

城邦讀書花園
www.cite.com.tw

ISBN：978-986-99162-6-4

版權所有‧翻印必究

定價：450元

Printed in Taiwan

【推薦序】

開發生產與消費之間的藍海商機

許士軍

政治大學企管系兼任教授

長久以來，人們總是懷有一種幻覺，以為一旦找到了解決當前某種問題的答案後，日子將變得好過，甚至一勞永逸。然而，真實的狀況卻是，舊的問題解決了，新的問題又接踵而至，循環不已。說來有趣，眼前這本書所討論的，正是上述情況下的產物。

話說多年之前，本書的兩位作者James P. Womack、Daniel T. Jones和 Daniel Roos出版了一本膾炙人口的書《改變世界的機器》（*The Machine That Changed the World*）。書中建議將所提出的「精實」（lean）觀念應用於製造業的生產過程中，不但可以使所生產的產品品質提高、成本降低，更重要的，這種辦法可以「適用於任何公司、任何產業、任何國家」，這豈不是實現了人類夢寐以求的境界！

「精實生產」的問題出在那裡？

然而，事與願違的是，他們事後發現，「即使有愈來愈多品質更好，瑕疵更少，價格更便宜的商品問世，消費者的感受卻愈來愈糟！」問題究竟出在那裡？

經過他們進一步深入探究，終於找到一個答案：企業將他們注意焦點放在產品的「生產」階段，而問題卻出在生產之後消費者的「消費」階段。具體言之，怎樣好的產品並不能保證消費者獲得問題的解決和滿足；在生產和消費之間存有各式各樣的難題，有待消費者自己設法解決，然而消費者既沒有時間，又沒有能力找到妥善的解決辦法。

這些問題包括消費者必須自己去尋找各種產品與服務，並且要從中選擇；尤其為了解決消費者某方面的問題，不是僅憑某種單一產品或服務，而有賴一完整的「消費系統」（consumption system），這時要從不同來源中取得各種產品和服務加以組配，對於消費者更是難事。

真正的「完整解決方案」

本書《精實服務》之寫作正是針對上述情況，提出一種新的企業經營觀念，此即企業應該將自己的責任自「生產」延伸到「消費」階段，也就是將原來的「精實」觀念也應用到「消費」上，由企業將後一過程中眾多步驟「打包成」一個「綜合產消單位」，為消費者找到一個「完整解決方案」（total solution），讓他們真正獲得所需要的價值。

　　事實上，本書所提出的「精實消費」觀念背後所反映的，代表近來所出現的一個企業經營新典範，此即將過去那種「生產」與「消費」視為涇渭分明的兩個經濟活動領域融合為一。值得在此提出的，至少有兩位大師的說法。

不是「產銷合一」，是「產消合一」

　　一位是世界知名的未來學趨勢大師托佛勒（Alvin Toffler），早在其1980年出版的《第三波》（*The Third Wave*）中，即將「生產者」（producer）和「消費者」（consumer）兩個字合成為「prosumer」這個新字，將原屬兩個分離的領域合而為一；換句話說，將過去人們所習稱「產銷合一」中的「銷」，以消費者的「消」加以取代。不過，在此托佛勒觀念中的消費，主要是指不屬於貨幣經濟中的消費，一般未經由有償之生產活動所產生，因此被排除在經濟活動之外。然而實際上，這一部分所產生的「產消合一」價值，在托佛勒及其夫人海蒂近著《*Revolutionary Wealth*》中加以強調，認為是被疏忽的龐大財富。

「共創價值」

　　另一位是當代策略大師普哈拉（C.K. Prahalad），在他和雷馬斯瓦米（Venkat Ramaswamy）合著的《消費者王朝》（*The Future of Competition*）一書中，挑戰傳統上那種「以企業為中

心」的觀念，主張應以個別消費者為中心；根據他們的深入觀察，那種由企業創造價值然後和消費者交換的觀念，已日漸脫離現實。「愈來愈明顯的現象是：消費者和企業……正共同努力，透過個人化經驗，共同創造對個別消費者而言的特殊價值。」

不管是由本書作者所提出的「精實消費」或是由托佛勒所揭櫫的「產消合一」，以及普哈拉所觀察到的消費者和企業「共創價值」，基本上都指出，在今後世界上，生產者和消費者之間界線已漸趨消失。本書所強調的，主要是延續作者在前一本書《精實革命》所提出的觀念，將企業所提供的價值創造功能，由「精實生產」延伸到「精實消費」，在這廣大的空間中存有無限的商機，值得企業好好加以思索與探究，以期找到自己所渴望的藍海。

精實消費——與顧客共創價值

溫肇東

政大科技管理與智慧財產研究所教授

　　1991年我到美國念博士之際，兩位作者出版的《改變世界的機器》（*The Machine That Changed the World*）詳細剖析了豐田汽車的即時生產，成為當時製造管理的最佳實務。此書特別讓美國在許多市場相繼失利的八〇年代，從「日本第一」的反省與迷思中，彷彿找到了競爭力的解藥，一時洛陽紙貴，在產官學界都引起很熱烈的討論。

　　之後兩位作者又將精實（Lean）的概念作了延伸及發揮，出版了《精實革命》（*Lean Thinking*），「去蕪（muda）存菁」是該書的核心概念，從 lean idea、lean concept、lean transition、lean transformation、lean techniques、lean conversion、lean knowledge、到 lean system，好像什麼企業概念加上「Lean」就很神靈。其實，該書想讓讀者了解一般的生產營運體制中，有許多不必要的浪費，以及沒有創造價值的步驟。

　　至於本書《精實服務》（*Lean Solutions*）則聚焦在服務及消費面向，深入解構製造商較少注重的「消費流程、服務與價值的提供」。作者認為，消費應像生產一樣，「精實」不浪費。在亞馬遜網站的書評中，有人推薦本書將會成為「經典」。以企業生產供應角度的效率研究與著作早已汗牛充棟，但從消費流程及消費經驗合理化的研究，卻普遍與長久地被忽略。

　　關於行銷及消費行為，學者雖已研究了半世紀，但很少能像本書提出一個解構「消費現場」的簡單手法。顧客導向、「大量客製化」的口號喊了很久，但對服務流程的提供還是多以供應者的角度為之，很少以消費者的投入觀點為之。因此，消費者實際體驗的滿意度仍與廠商的認知有很大的落差。

　　顧客的不滿意並沒有因「精實生產」的普及而得到化解，本書內文以我們「日常使用與維修」的電腦與汽車兩個例子，重覆地深入剖析我們的消費流程、不滿意，以及浪費。現在已有很多科技及工具可改善此一消費流程，消費者也願意參與配合，來提高其自身需求的滿意度，但業界的反應好像仍慢了很多拍。

　　生產者不應忽視這個已逐漸明朗的趨勢，甚至誤（濫）用消費者自願投入的時間、精力及知識。誰能建立「精實」的消費流程，善用消費者的配合，共同創造更有價值的經驗，應會有很大的改善與獲利空間。

　　本書延續「精實策略」的觀點，建議廠商了解顧客實際期

望的價值（Value），而非讓消費者在有限或過多的產品中去選擇。仔細檢驗各個消費流程，刪除沒有創造價值的步驟，建構精實的價值溪流（value stream）；力求過程的暢流（flow）（這也是創造力發揮的極致境界）；並讓顧客向生產者產生拉力（pull），扭轉由生產者將產品推向顧客的方式，即時反應顧客的需求（隨需選用）；並持續追求完善（perfection），達到供需雙方的零浪費。

IBM自從宣示要從製造業轉為服務業，已可看到它陸續賣掉產品部門（如PC部門）、併購服務與顧問公司，且服務收入的比重已超過營收的一半。近年來也和學界合作研究開發「服務科學」（Service Science）的內涵，就像40年前資訊時代來臨之際「電腦科學」（Computer Science）被提出一樣，服務科學也將成為未來消費與體驗經濟的顯學。

本書所揭櫫「精實消費」的流程分析，即是未來服務科學中一個重要的章節，而與「顧客共創價值」更是方興未艾的管理最佳實務。希望你也能透過本書，盡早熟悉精實的概念與做法，同時也重視消費的流程與現場，掌握未來商機。

【推薦序】

消費者的覺醒

盧淵源

前中山大學企業管理系教授

　　消費者要的是什麼？消費的價值在哪裡？這恐怕是所有精實生產者所要正視以及重新思考的問題。你是否曾經有過花了大半天的時間在大型賣場選購商品，回到家之後才發現買到一些不是自己真正所需產品的不愉快經驗？或者為了維修辦公室的電腦，不得不忍受廠商繁瑣而冗長的維修程序，有時還會因為溝通上的誤會，將原本電腦裡的資料給刪除掉。太多的功能與組合，造成太多的不方便。看著自己手中新一代的手機，是否會懷念早年單純而實際的快樂？現代社會經濟高度發展，市場上充斥著各式各樣琳瑯滿目而多樣化的產品。每一件商品的功能、品質、價格都比二十年前優越，服務配套種類也愈來愈多。然而消費者的心裡真的滿意了嗎？

　　由豐田汽車所發展出的豐田生產系統（TPS），堪稱為全世界最有效率的作業系統：可稱之為豐田美學的生產流程；去蕪存菁，止於至善。豐田模式（The Toyota Way）引領著豐田

穿梭過困頓與泡沫化的經濟時代，三十年來依舊獨領風騷。豐田式生產系統，非但沒有因環境背景的不同而銷聲匿跡，反而經由麻省理工學院的教授群調查全球汽車產業而整理詮釋的「精實生產系統」（原譯：臨界生產系統）預言了精實的風潮。許多廠商在這股豐田旋風的影響之下，大刀闊斧地進行精實生產革命。在其追求零缺點、零庫存，持續成本降低，以及擺脫傳統而僵固的生產方式的目標之下，精實生產的戰果就是帶給現代社會愈來愈多品質更好、價格更好的商品供消費者選擇。

　　理論上，現代消費者的消費方式應該是變得更好更方便，而消費者本身也應更加滿意才對。然而事實上卻非如此，時下的消費者被淹沒在五花八門的商品大海中，都拜「精實思想」所賜。如果以「忙碌」來形容所有現代人的話，消費者最想要的恐怕就是擁有一個能夠充分享有並且自我掌握的生活。然而，當消費行為從「被服務」轉變為「自助」之後，消費者被迫必須付出更多的時間在商品的選擇及漫長的消費活動上。試問，這究竟是在享受購物的樂趣還是浪費人生？這就是本書中所謂「消費失效」的意義。

　　商品本身的價值，遠不如消費過程所浪費掉的時間價值。這是目前消費者面臨的最大困境，也是許多廠商在進行精實革命時所始料未及的。以往精實生產者太過專注於多樣少量生產，並提供客製化商品讓顧客選擇的觀念，而忽略了消費者身陷於複雜而錯誤的供給連結；所造成的結果便是，消費者無法忍受生活被過多的選項或等待所切割。供給者與消費者之間長

久以來的關係，原本就存在著一個複雜而模糊的邊界。隨著科技與技術的進步，這兩者的角色扮演便更加混淆。當消費者被要求參與合作生產之後，消費就成為一種漫無效率的程序。大多數的企業卻只依循生產供給端的傳統原則，而尚未意識到發生在消費端的嚴酷考驗。

詹姆斯‧沃麥克與丹尼爾‧瓊斯兩位作者在其經典暢銷書《精實革命》中，向全世界展現精實生產的原則，引起產業界不小的震撼。繼前作之後，他們針對供給與消費之間失效的問題，再度提出了一項劃時代的突破性看法：認為消費其實就是一種解決問題的程序。而「精實原則」不應該僅止於工廠大門。舉凡消費者購買、使用、維修、服務等過程也都是「精實原則」的一環。他們提出，將供給層面與消費層面的問題相互連結成單一的價值溪流，透過落實「精實供給」與「精實消費」零浪費的精神，重塑供給者與消費者之間價值傳遞的關係，讓消費者適時地獲得真正的需要。而從「精實生產」（Lean Production）到「精實解決方案」（Lean Solutions），卻是一條漫長的精實之旅。大膽的管理者，宜以宏觀的思維，整合供給者與消費者之間行為與思考上的對立，重新設計一套順暢的消費程序。惟有真正解決顧客「消費失效」的根源，才能獲致三贏的局面。

本書是一本論述精闢的著作，無論從哪裡開始，請跟著作者的腳步，走一趟消費者的現場吧！相信，你會看到消費者內心真正的渴望，與其背後無限的商機。

目 次

目 次

目 次

圖表目次

圖 表 目 次

從精實生產到精實解決方案

1982年夏天，我們得到了一個新發現。當時我們前往日本，訪問一連串的公司，以了解他們在全球競爭中獲勝的原因，最後我們來到豐田汽車（Toyota）。

在此，我們很快地了解到，這家公司和以往我們訪問過的公司截然不同。豐田汽車的成功奠基於對核心程序的傑出管理：以正確順序，於正確時點執行一系列行動，為顧客創造價值。豐田汽車在產品研發和製造的管理，以及與上游廠商、顧客之間的合作，遠勝於任何一家我們見過的日本公司。

這項前所未有的新發現，令我們瞠目相視，並且說：「這家公司能夠在全球競賽中脫穎而出，並不是因為傑出的新發明、文化因素、弱勢貨幣，或政府強力支持，而是致力於核心程序。」這是一個相當實用的洞見，因為特殊的新發明或文化特色無法複製，管理程序卻可以模仿。

我們花了許多時間，終於在1990年出版了《臨界生產方式》

（*The Machine That Changed The World*）。我們舉出許多證據，說明豐田於眾多面向的重要價值創造活動，不僅優於世界上其他汽車公司，也優於其他日本公司。豐田的產品研發、經銷商管理、客戶服務，以及生產程序，共同組成一個巨大的「體制模式」（machine），改變了全世界。這個結論衍生出一個問題：任何國家的任何產業，該如何才能臻於如此出色的管理程序？我們在《精實革命》（*Lean Thinking*）這本書中解答了這個問題。

我們提出五項簡單的原則，做為所有企業的指導：

1. 提供顧客實際期望的**價值**（value）。抗拒以現有組織模式、資產、知識進行生產的誘惑，並且避免試圖說服客戶：企業以最簡便方式生產的產品，就是最能滿足他們需求的產品。

2. 確認每項產品的**價值溪流**（value stream）。這是生產貨品或提供服務所需的一系列行動（程序），包括從原始概念到商品上市（經由研發程序），以及從接訂單到交貨（經由訂單履行程序）。仔細檢查各項程序的每道步驟，是否都能為顧客創造價值，然後刪除無法創造價值的步驟。

3. 其餘的步驟組合成**暢流**（flow）。能夠減少各步驟間等候的時間及庫存品，以縮短研發與反應顧客需求的時程。

4. 讓顧客向生產者**後拉**（pull）。扭轉由生產者向顧客施加推力的傳統方式，縮減反應顧客需求的時程。傳統方式則是

試圖說服顧客，他們需要的商品就是生產者已設計並製造
的商品。

5. 一旦價值、價值溪流、暢流，以及後拉式思考都已建立，
便重複上述步驟，以持續追求**完善**（perfection）。完善的
價值能導致零浪費。

精實生產的戰果

多年以來，我們欣見許多公司的內部程序有大幅的改善。
最簡單的指標為，在與我們進行合作之後，許多製造業的產品
效能大為提升，價格卻相對降低。譬如，汽車工業每輛車的瑕
疵率穩定降低，而汽車的實質價格則持續下滑[1]。同時，我們
也很高興地發現，只要認真嘗試，精實生產適用於任何公司、
任何產業、任何國家。

與此同時，豐田汽車在全球市場競賽中屢戰屢勝，逼近通
用汽車（General Motor）的產業龍頭地位。相對地，我們在
1982年訪問的其他日本汽車公司不是節節敗退，就是早被迎頭
趕上。例如：本田汽車（Honda）仍是獨立經營且相當賺錢；
日產汽車（Nissan）被雷諾汽車（Renault）控制；馬自達
（Mazda）成為福特汽車的一部分；速霸陸（Subaru）、鈴木
（Suzuki）、五十鈴（Isuzu）得靠通用汽車才能生存；三菱汽車
（Mitsubishi）的市佔率則是大幅下滑。

奇怪的是，即便有愈來愈多品質更好、瑕疵更少、價格更

便宜的商品在市場上銷售，消費者的感受卻愈來愈糟。最近幾
年，我們經常和企業經理人討論這個問題。他們說，當他們在
辦公室或工廠擔任生產者的角色時，會覺得生產狀況愈來愈
好，可是只要一下班成為消費者，就感覺消費品質愈來愈差。

　　我們在現實生活中也感受到同樣的情形。我跟另一位作者
分處大西洋兩岸，寫作生活非常忙碌，然而對於消費品不滿的
抱怨經常充斥在我們的對話中，也對我們的工作造成阻礙：

- 號稱為顧客量身訂做、三天送貨到府的電腦，竟然與列表
  機不相容，也與辦公室其他電腦不相容，更別提不同品牌
  的軟體了。
- 汽車進廠修理，常常產生溝通上的誤會，等待耗時，而且
  經常出錯。
- 長途開車前往陳列數萬件商品的大賣場，每一件商品都比
  二十五年前品質優良且便宜。但是採購回家後才發現，沒
  有幾樣是真正需要的。
- 就技術觀點而言，醫療品質確實有進步；但就個人觀點而
  言，前往醫院就診仍是不愉快且浪費時間的事。
- 商務旅行經常碰到大排長龍，以及班機、列車誤點的情
  形。
- 「服務台」無法提供服務，「支援中心」總是缺乏需要的
  支援；客戶怒氣衝天。

　　商品品質比以前好、價格更便宜，照理說，消費方式應該

更簡單，消費者也應該更滿意。然而事實卻全然相反，消費者得花費更多時間才能讓所有的商品、服務適切地相容，並符合需求。換句話說，現在的消費者被淹沒於五花八門的商品大海中。諷刺的是，滿足消費者才是精實生產的唯一重點，而不是生產各式各樣炫目的商品。

消費的新挑戰

在九○年代，我們認為上述情形只是短期現象。泡沫經濟的結果，使得消費者購買許多非成熟技術支援的新商品，未來情形將獲得改善。

然而，到了泡沫時代末期，我們才發現這些問題並非短暫異常，而是非常普遍。這不禁讓我們思考：這世界到底是怎麼回事？讓消費者如此不舒服。於是我們逐漸開始將注意力由如何生產更好的產品，轉移到如何讓消費者更滿意。

在開始思考消費問題時，我們發現以下五項與消費有關的關鍵趨勢：

第一，基於「大量客製」（mass customize）原則，生產者恣意增加可供消費者選擇的商品項目，並開闢更多的銷售通路[2]。有更多商品供選擇固然很好，但消費者卻必須花更多時間進行選擇。

第二，大量生產的規模經濟逐漸消失，讓我們擁有更多的

選擇自由──這固然是件好事[3]，卻也讓消費者面臨更多決定：如何投資退休基金？該用哪一家公司的寬頻網路或大哥大？哪一種航空公司／租車公司／旅館的套裝組合最好？要在這個熱鬧滾滾的消費清單中做出正確的選擇，往往得耗費更多的時間和精力。

第三，消費行為已從「被服務」，轉變成「自助」，我們擁有更多的個人工具，以創造價值──就像我們寫這本書時，身邊圍繞著電腦、印表機、個人數位助理（PDA），以及寫作用的各種軟體（我們父母親那一輩，靠的是秘書幫忙打字）。這些工具不是買來就行了，還得安裝、維護、升級，以及資源回收。這些貨品和服務來自不同廠商，結果更加消耗我們的時間和精力。

第四，經濟高度發展社會的家庭型態正逐漸改變，使消費者所感受到的壓力驟增。勞動參與率戲劇化上升，原本雙親家庭中負責消費的成員（通常是女性），也步入職場。還有一部分的單親家庭，必須由同一人兼顧工作與處理消費事務。這表示，工作所得雖然可以購得更多貨品和服務，但處理消費事務的時間卻相對減少。

第五，網路與資訊科技的發達，混淆了消費者和生產者的角色，強迫消費者自己執行監督程序。例如，有位同事的妻子透過網路，向一家知名廠商訂購辦公室設備。由於輸入錯誤的號碼，使得這張訂單遭到取消，但廠商卻沒有寄發訂單取消的通知給消費者。這位太太在超過預定送貨時間的幾週後上網查

詢，才曉得訂單早已被取消。後來，她聯絡到廠商的客服部門，詢問為什麼發生這種事，該部門經理才說，客戶必須經常自行上網查詢，以確認生產和送貨都順利進行。她開玩笑地說：「原來這家知名廠商聘用我擔任不支薪的營運部門經理，只是我還沒有收到這項派令通知。」

廠商要求顧客參與生產程序的趨勢愈來愈普遍，而且還認為是理所當然。對於那些平常已經非常忙碌的消費者來說，哪有這個閒工夫再替別人做白工。

因此，當前的情形是，消費者固然有更多的選擇及更豐富的資訊，代價卻是得負起更多責任、做更多抉擇，以及耗費更多時間。這個現象可以歸納成以下數點：

1. 消費者必須做愈來愈多的選擇——不論是購買、安裝、組合、維護、修理、回收。商品的種類愈來愈多，廠商愈來愈多，通路也愈來愈多。
2. 資訊科技和個人資本財的普遍使用，使得生產程序更進步，卻也混淆了生產者和消費者的角色，讓消費者耗費更多時間和精力（不支薪的）。
3. 然而，消費者可運用的時間並沒有相對應增加（這是生命的現實和無奈），而且隨著家庭型態變遷以及人口老化問題的日益嚴重，未來數年消費者的時間和精力將更不敷使用。

上述現象共同造就了廿一世紀的消費者困境。

價值的再思索

　　我們察覺上述現象後，隨即了解我們必須回歸精實生產原則的起點，也就是「價值」問題。我們必須自問：消費者將來需要什麼？重新思考消費問題，首先必須思考其程序——就像生產一樣，但方向不同——使消費者能以更好的方式，獲得所需的貨品和服務。我們稱這種改良過的程序為「精實消費」（lean consumption）。

　　精實消費伴隨著另一個程序，即廠商必須提供消費者真正需要的貨品和服務，同時不能增加消費者的負擔。以前，我們用的是「精實生產」（lean production）這個詞彙，讓許多經理人誤以為，生產過程只到辦公室或工廠大門。現在，我們使用「精實供給」（lean provision），統合將消費者想要的價值由生產者遞送至消費者的每一個步驟。這些步驟通常由不同的公司負責。

　　多數人在消費的時候，較偏向思考消費面問題；在工作的時候，則比較容易思考供應面的問題。很少人將這兩者視為一個相互連結的單一價值溪流。近年來我們參訪許多廠商，包括航空公司、醫療公司、保險公司、汽車維修商，經常發現消費者和服務人員掙扎於連結錯誤的消費與供給程序中，造成顧客流失、利潤降低；商家的員工們則個個負擔沉重，感到既生氣又失望。消費者和廠商員工們因相互不了解，猶如在濃霧中作戰的士兵。

　　於是，我們繼續做調查——訪問多個國家、多種產業、多家公司——試圖將精實供給與精實消費做一有效連結，讓消費者得到更好的生活、員工更滿意、廠商獲得更多利潤。顯然地，廠商、員工和消費者確實能夠成功創造精實解決方案（lean solution），打造三贏局面。這正是我們撰寫這本書的初衷。

當精實消費遇上精實供給……

　　消費，聽起來很容易。在先進的經濟體制裡，消費經常被描述為不須費任何吹灰之力；消費者可以很容易、很快速地獲得想要的商品。事實上，消費並不如想像中那麼簡單，而且顧客通常無法得到自己真正想要的東西。不論何種消費行為、商品或服務，都有可能發生這些情形。藉著這本書，我們將探討，消費為什麼是一項辛苦又沒有報償的工作。

消費是解決問題的程序

　　先讓我們從一個簡單的觀點開始說起。消費是一道持續的程序——在某段時間之內發生的一系列行為——以解決某個問題。其中包括搜尋、取得、安裝、維護、修理、升級，以及最後的丟棄商品或服務，這種種行為，都讓消費者必須為此付出時間和精力，以致經常帶來不少困擾。為了讓這個論點更清

楚,請看以下這個簡單的消費實例。

我們開始撰寫本書之時,丹尼爾需要買一台新電腦,於是他上網搜尋,比較各廠牌機型。經過一番思考後,他再次上網,來到中意的電腦廠家網站,輸入訂購電腦所需的各種資料以及期待的交貨日期。不久,廠商依照約定交貨日將電腦如期送到他家。目前為止,一切順利。

電腦裡已安裝了許多他不需要的軟體,使得他在另外安裝自己需要的軟體之後,電腦就跑不動了。於是他又連上這家廠商的網站,並打電話到他們的服務專線。等了一段時間之後,對方告訴他,問題出在新安裝的軟體。於是他又打電話給軟體供應商,對方卻說問題出在硬體。丹尼爾只好自行找來電腦專家解決這個問題,花了相當的時間和金錢,仍然找不出頭緒。丹尼爾再找第二位專家,終於解決了問題。

丹尼爾的電腦終於能運作了,但這項消費過程卻相當辛苦,耗費許多時間,還惹來一肚子氣。我們將這整個歷程製作成一張圖表,按照事件發生的時間順序,清楚條列出丹尼爾所花費的時間及當時的感受。

請注意這個簡單的消費行為,最後居然延伸為十一個步驟,過程長達七天。這些步驟中,只有四個創造價值,另外七個純屬浪費。此外,當事者的感受,只有一個有趣,兩個可接受,其他八個則是不同程度的焦慮和生氣(兩家廠商的消費者服務專線尤其令人氣結)。其實,丹尼爾購買電腦的整個過程,不應該超過三個半小時──尤其是運用「不費吹灰之力」

步驟	時間	感受
第一天 1. 上網搜尋資料	1小時	有趣。網路上有許多新產品，而且不必踏出家門一步。
2. 選擇商品，輸入訂單	30分鐘	還不錯。但開始覺得自己像個電腦打字員，網路訂購程序非常繁瑣，為什麼我需要有追蹤號碼來查詢訂單？廠商不是該負責將貨物準時送到嗎？
第四天 3. 收到貨物，打開包裝	1小時	還不錯。按照說明書操作時有一點緊張，還好能順利開機且能運作。
4. 另外安裝軟體	1小時	有點沮喪。在電腦時代，這個動作應該可以更簡單。
5. 測試，電腦當機	1小時	極度沮喪。電腦本來運作正常，現在卻突然當機。
6. 上廠商網站，撥打服務專線	1小時	生氣。我花了一個多小時，多數時間在等待，最後卻說問題出在軟體。
7. 打電話給軟體廠商	1小時	非常生氣。這種產業怎麼能生存？沒有一件事能順利運作，沒人肯負責。
第五天 8. 尋找電腦專家	1小時	有點沮喪。為何自己沒有事先想到，有專家能為你解決電腦問題？
9. 專家到府維修	2小時	非常生氣。真是太諷刺了，用自己的時間和金錢替這傢伙製造學習機會。
第六天 10. 找另一位專家	1小時	非常生氣。網路根本沒有用，我淪落到去打電話和發電郵哀求朋友。
第七天 11. 專家到府維修	1小時	先擔心，後鬆一口氣。先是質疑「這傢伙會比較高明嗎？」然後是「我終於可以開始工作了」。

的網路購物——結果他花了十一小時又三十分鐘，幾乎是一個半工作天。

但消費行為並未結束。丹尼爾購買這台電腦的目的，不只

是想擁有電腦而已，而是為了處理文字和影像，必要時還得傳
輸檔案文件。電腦的硬體、軟體、技術支援需求，只是工具而
非目的，是整件事的第一步。

丹尼爾的整個消費程序將持續數年之久。購買和安裝只是
第一個環節，接著還有維修升級，以及換新和汰舊的後續動
作。這些環節的每個步驟都十分類似：眾多動作（少能創造價
值），以及耗費許多時間（大多數時候都令人感到不快）。這些
動作的目的，都只是為了解決他在文書及影像處理的簡單需
求。

就某種意義而言，個人電腦是項奇蹟，這點我們非常清
楚。多年前我們開始合作寫書時，只能在打字機上敲敲打打，
先是郵寄，後來變成用傳真遞送稿件。個人電腦確實無人能敵
──如果你操作得當，而且和它合作愉快的話。但就另一層意
義而言，個人電腦也相當令人生氣，因為整個消費經驗讓人感
到沮喪不已。

如果現在電腦使用者的消費經驗是負面的，我們能不能在
未來將它轉成正面的？身為消費者，我們真正期待的消費經驗
是什麼？引進「精實消費」的目的又在哪裡？

消費者真正要什麼？

首先，我們必須記住，多數人消費是為了解決問題。也許
只是小問題，例如我們為了欣賞音樂，耗費整天時間尋找、購

買、使用相關器材；也可能是個大問題，例如尋找、購買、維護一間舒適的房間或辦公室。通常我們不是對貨品或服務本身感興趣——例如iPod或房屋——而是對商品能貢獻於我們的生活感興趣。因此，消費行為必須能確實解決問題，不論是欣賞音樂或擁有一個溫暖的窩。僅能解決部分問題，不能算是真正地解決問題，例如新電腦無法與印表機相容，或者急診室裡沒有醫生在值班。消費的時候，我們總希望問題能徹底獲得解決。

第二，我們希望以最經濟的方式解決問題，也就是花最少的時間和精力。現代社會經濟進步、生活水準提高，唯一無法增加的是時間（據我們所知，世界上尚未有任何一個實驗室，著手研究如何增加每天的小時數，或每週的天數）[1]。因此，如何節省個人的時間和精力，以從事更有價值的事務，是現代人愈來愈重要的議題[2]。

第三，我們希望獲得真正能解決問題的商品，而且配置齊全、規格精準。我們不要替代品，或空手而返。

第四，我們期望在指定的地點解決問題。早年的個人服務時代，商品與服務通常被送到顧客指定的地點：清潔工到府服務，雜貨店、肉店、菜販送貨到府，醫生也到府看診。近年的自助時代，消費者必須到商店購物或上網向生產者購買。我們相信，在精實消費時代，商品會在多個通路，以合理價格供應。也就是說，為了解決食物問題，我們可以去大賣場、傳統雜貨店、街角的便利商店，或在家裡上網訂購。為了診斷健康

問題，我們可以去健診中心、鄰近的獨立診所，或在家裡自行運用器材檢查。當然，你也可以選擇要在自家餐桌上向經紀人購買保險，還是上網填寫資料購買。

　　第五，我們期望在指定的時間解決問題。我們發現，現在的供貨體系是，陌生消費者向陌生供應商購買商品，因此消費者無法向供貨者預告訂單。可惜的是，傳統的生產體系無法在這種情形下提供高水準服務，即便是「按訂單生產」的戴爾電腦（Dell），也無法在這種情形下做到高水準服務。顧客的期望也變得複雜多了，因此在精實消費時代，「時間」這個觀念，對不同的顧客來說有著不同的意義。

　　最後，許多人期望減少問題的數量，也就是將幾個問題打包成一整套。例如，我們希望以簡單的計價費率，委託一個「問題解決窗口」，統籌解決所有關於汽車的問題，無須我們耗費心神處理。或者是一個「房屋問題解決窗口」，以經濟的價格維修房屋，不必耗費我們的心神或影響情緒。抑或是一個「購物問題解決窗口」，能在適當時點將貨物配送到家，讓我們不必利用晚間或週末外出購物。將數個消費項目打包成一個綜合消費單位的觀念，是重要的一大步。我們認為，精實消費的最終目的，正是跨出這一大步。

精實消費宣言

　　精實消費的六項原則，賦予現代消費者新的價值意義。我

們以消費者的立場，陳述如下：

- 全盤解決我的問題。
- 不要浪費我的時間（將我的消費成本降至最低，包括支出的金錢、時間和精力）。
- 精準提供我需要的商品。
- 在我希望的地點，提供我價值。
- 在我希望的時間，提供我價值。
- 減少我在解決問題時必須抉擇的數量。

　　這六項原則都與商品的特性無關，不管我們談的是汽車、電腦軟體或是保險。現今的市場，商品本身不是問題。問題出在，許多廠商都是以「生產者中心」的思維方式，進行貨品生產與提供服務。那是因為他們將消費過程視為一個單純的動作，忽略了消費者耗神於搜尋、取得、安裝、維護、升級和丟棄商品，以解決問題的消費歷程。消費者的總成本還包括了時間和精力，廠商們對此似乎不以為意。

精實供給的挑戰

　　供給，和消費一樣，看似簡單。現代科技——尤其是資訊科技——的廠商以為自己可以輕而易舉地供應消費者期望的價值。事實上，供給不是件容易的事，僅有極少數幾家公司能做得好。當消費者在支離破碎的消費程序中苦戰時，廠商也在缺

點多多的供應程序中掙扎。很多地方都可以驗證,略述如下:

- 廠商在商品特色和式樣上的花費增加,卻無法吸引新顧客上門。
- 為了在交貨時間上更有競爭力,反而訂出不切實際的交貨時間保證。
- 庫存不足和庫存過多的情形同樣嚴重。
- 為了提升顧客忠誠度而增加費用,但顧客忠誠度仍然持續降低。
- 增加硬體設備投資(大商場、大暢貨中心、大型電腦系統),反而削弱創造競爭優勢的能力。
- 客戶服務的費用不斷向上攀升,解決之道是委外作業,但卻失去了與客戶直接接觸的機會。
- 各項活動中與客戶密集接觸,導致員工滿意度長期低落,造成員工流動率提高、員工訓練費用增加、客戶滿意度降低。

　　沒有一家廠商喜歡這些結果,但在目前的供給程序下,這些結果卻無法避免。而且多數廠商認為,實際解決顧客的問題,並在顧客期望的地點和時點提供價值,將是件耗費不貲的苦差事。結果,廠商更加運用傳統的大量消費觀念來從事生產。於是商品愈來愈多樣,而且各自獨立,價格也愈來愈便宜;即便消費者已明白表示,他們需要的是其他商品。

　　幸好,已有少數廠商學會以新思維思考消費和供給問題,

以及如何與消費者共同創造精實服務。這些廠商發現了如何以
更低的整體價格，提供顧客所期望的價值。高品質其實只需耗
費低成本，而不是高成本。本書的目的即在揭櫫這個新方法：
結合精實供給與精實消費，使我們得以從「大量」躍進至「精
實」。

第 **1** 章

精實消費

「我們一起散步吧！」多年來，每當企業經理人要我們跟他們談　談精實革命時，我們一律都以這句話作答，經理人則通常希望能在會議室或執行長辦公室進行討論。根據我們長期以來的經驗，唯有「現場」（gemba）才能創造價值——這是個日本字，表示進行實際作業的工廠或辦公室。因此，我們堅持從「現場」出發，以了解公司的實際情況。

消費者也有「現場」，即是解決問題因循的路徑。多數經理人很難看見這條路徑，即便他們也經常因循該路徑進行消費——在他們脫掉公司制服，戴上消費者便帽的時候。因此，最近幾年我們常拉著企業經理人，花大把的時間在消費者的「現場」散步。

我們的目的非常簡單：教導經理人看見與消費者有切身關係的每一個步驟，即研究、取得、安裝、組合、維護、修理、升級，再利用商品或服務，以解決問題。我們仔細研究每一個

步驟，質問為什麼需要這個步驟，為什麼某步驟無法正確執行。一旦除去沒有價值的步驟，我們才能談暢流和後拉，以及邁向完善。

為了清楚明白這個方法，我們現在就來散步，並且以消費者的立場進行觀察。讓我們隨著鮑伯‧史考特（Bob Scott）經歷一次汽車修理的經驗。鮑伯是個典型的消費者，當他的小發財車後面的保險桿被撞彎的時候，他第一次經歷了精實革命。

消費「現場」漫步

整起事件開始於，小發財車儀表板上的「檢查引擎」燈不明就理地開始閃爍，於是鮑伯必須尋找修理管道。可能的選擇包括賣給他這輛車的車商，但是上次他的車出問題的時候，車商卻讓他覺得自己像個難民；其他則是附近幾家販賣並修理這型車的汽車銷售商；此外還有幾家獨立修車廠，但他們可能沒有新穎設備來修理這款新車。

鮑伯打了幾通電話，描述狀況，並詢問價錢，然後決定前往他不曾打過交道的某車商處修理。

下一個步驟是，雙方議定何時前去修車——這個動作即是下單訂購商品，如同丹尼爾下單買電腦。於是鮑伯於約定時間將車開至車商修理廠。

在車商處，鮑伯必須敘述情況。由於是第一次前來，車商不了解這輛車的歷史狀況，也沒有任何紀錄可供參考，因此鮑

伯必須在服務台排隊等候，然後填寫表格並簽名。

車商並未立刻修理汽車，但是鮑伯必須去工作，因此車商提供一輛代步車。於是鮑伯再次等候，等代步車從車庫開來。幸好，實際等候時間並不太久，雖然通常都會等很久。

同一天，車商的服務台打電話給鮑伯，說明他們檢查的結果，而且對修理價格報價。稍後，鮑伯又接獲車商的第二通電話，表示因為沒有零件，車子隔天才能修好。我們可以觀察到，這是一個消費者和供應商彼此陌生的典型例子，使他們無法當面討論問題的本質，或即時交付貨品（零件）。結果，零件必須訂購，而且無法確定交貨時間。

第二天晚上，鮑伯到車商處取車，並再次排隊等候填寫表格——閱讀相關條款、刷卡、取鑰匙。鮑伯再次等候，等候工作人員將他的汽車從遠處的停車場開來。

鮑伯終於把汽車開回家，這段消費所用的時間只計算扣除日常通勤以外的時間。如此一來，整個消費程序似乎是完成了。可惜在回家途中，「檢查引擎」的警示燈再度閃爍，於是鮑伯得再重複一次同樣的服務過程。

根據國際汽車配銷專案（International Car Distribution Programme, ICDP）[1]的報告，鮑伯的遭遇相當普遍。在北美洲和歐洲，駕駛人的汽車發生問題時，獲得立即修理的機率只有80%，而立即修理並準時修復的比率只有60%。

由於車商並沒有解決問題，而鮑伯已經付了修理費，因此接下來的步驟較為單純。鮑伯只需和同一車商再約定進廠時

間，重複一次進廠出廠步驟，而且幸運的是，車子終於修好
了。

　　我們將鮑伯簡單的消費行為分解之後列出如下（請見圖表
1-1），這十六個步驟沒有一個是複雜的，都只需要一點點時
間。可是累計下來，鮑伯所耗費的時間和精力卻相當可觀。鮑
伯共花了三小時又三十分鐘來解決他的車子問題。

消費行為圖解[2]

　　任何一個消費行為，都可以製成類似表格。這張表格的目
的，在於讓經理人了解整個消費歷程及其運作情形。但我們發
現許多經理人和員工，對於圖像較敏感，對文字較駑鈍，因此
我們又畫了一張簡單的消費圖（請見圖表1-2），使他們能一目
瞭然。

　　我們在消費行為圖解裡，按照發生順序，將各步驟由左上
方至右下方排列，以顯示自消費開始至結束的流程。步驟十至
十六則是再次循環。步驟的方格大小，則會根據該步驟耗費的
時間多寡而有所不同。

從消費歷程至消費經驗

　　到目前為止，這個消費行為並沒有對與錯的問題。我們只
是陳述一個事實：鮑伯為了修好汽車，必須按照特定順序執行

圖表1-1　消費步驟表

步驟	時間（分鐘）
1. 尋找最佳修理廠	25
2. 與修理廠約定時間	5
3. 開車至修理廠	20
4. 排隊、陳述問題、填寫表格	15
5. 等候代步車、在代步車表格上簽名	10
6. 與修理員討論，同意進行修理	5
7. 接獲汽車第二天才能修好的電話通知	5
8. 填寫表格，等候汽車開過來	15
9. 開車回家（發現問題並未解決）	20
10. 再次與修理廠約定時間	5
11. 開車至修理廠	20
12. 排隊、陳述問題、填寫表格	15
13. 等候代步車、在代步車表格上簽名	10
14. 與修理員討論，同意進行修理	5
15. 填寫表格，等候汽車開過來	15
16. 開車回家	20
消費時間總計（十六個步驟）	210分鐘 （3小時30分鐘）

若干步驟。如果我們製作表格和繪製圖解的用意，只在描述一個修車消費所發生的事，那麼任務就算已經完成了。但是以供給者的立場而言，這張表格和圖解相當有用，因為它們清楚描述了辦公室和工廠的生產程序。

　　我們的重點不在汽車，也不在以供給者的觀點來觀察修車程序。我們的重點是，以消費者的立場體驗修車歷程。因此，我們得為表格和簡圖增加一些內容。

　　首先，必須考慮每個步驟的「價值」。在消費歷程有關價

圖表1-2　漫長迂迴的修車流程圖

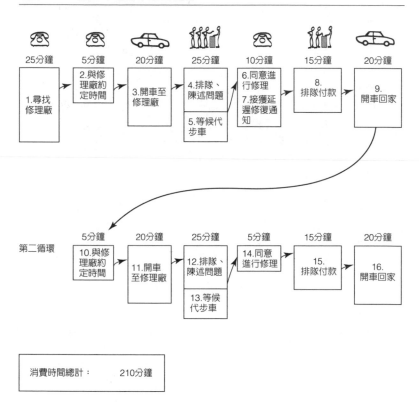

消費時間總計：　　210分鐘

值的定義為：為了解決問題，消費者認為必要且樂意付錢的活動。

當我們以這個觀點來看表格和消費圖，其中的行為即具有不同的意義。鮑伯開車到修車廠是不可避免的，除非他願意額外支付修理員到府取車的費用（我們將在第10章提及，未來這項費用將無須額外付費）。而且，大多數顧客都認為，告知修

車廠汽車發生的問題,以及自己前往修車廠取車,都是必要
的。

但第二循環的七道步驟,只是修正第一循環的錯誤,任何
消費者都會認為沒有價值。為什麼修理廠不退還若干費用給鮑
伯,以補償他第二次修車所耗費的時間和精力?

即便前九個步驟表面上看來都創造出價值,但如此長的等
待時間又如何呢?鮑伯打電話到修理廠探尋價格和約定進廠時
間,卻聽見「服務員忙線中,請稍後」的語音訊息;他必須在
服務台等候,以陳述車況;他必須花時間填寫車況表格,而不
是由修理廠事先登記這些資訊;他必須等代步車開過來;當他
取車時,必須再次在服務台前等候車子開過來。

如果我們將表格裡每一個步驟所耗費的時間,區分為「浪
費」和「創造價值」兩種,並且將創造價值的時間以陰影表
示。我們會發現一些有趣的現象:在這個消費歷程中,有70%
的時間是浪費掉的,並沒有創造價值。

進行交易時必須排隊等候,很明顯的是在浪費時間。任何
一個人看這個消費歷程,都會覺得修理廠並沒有掌握時間效
能。為什麼消費者必須等待和浪費時間?答案非常簡單,就是
供給者漠視消費者的時間價值——我們認為這個原因是各種消
費歷程中普遍存在的現象。供給者沒有發現這點,或選擇視而
不見,因為這樣做可以節省廠商的成本。當所有的供給者都將
這個情形視為理所當然,消費者也未加以要求的時候,這個消
費邏輯就不會受到質疑。

為了提升企業經理人的認知，我們將消費表的每一步驟，以陰影方式標示出能創造價值的時間。於是，消費步驟表（許多步驟中，浪費掉的時間佔大部分。請參見圖表1-3、1-4）即能顯示哪些步驟能創造價值，哪些步驟則否。

消費圖傳遞出一項簡單清楚的訊息：最簡單的消費行為，也包括許多個步驟，並耗費消費者相當時間。而且其中僅有一小部分時間能創造價值，大部分時間則都被浪費掉了。

圖表1-3　消費步驟表：比較創造價值的時間與浪費掉的時間

步驟	創造價值的時間（分鐘）	浪費的時間（分鐘）
1. 尋找最佳修理廠商	5	20
2. 與修理廠約定時間	1	4
3. 開車至修理廠	20	
4. 排隊、陳述問題、填寫表格	5	10
5. 等候代步車，在代步車表格上簽名	1	9
6. 與修理員討論，同意進行修理	5	
7. 接獲汽車第二天才能修好的電話通知		5
8. 填寫表格，等候汽車開過來	1	14
9. 開車回家（發現問題並未解決）	20	
10. 再次與修理廠約定時間		5
11. 開車至修理廠		20
12. 排隊、陳述問題、填寫表格		15
13. 等候代步車，在代步車表格上簽名		10
14. 與修理員討論，同意進行修理		5
15. 填寫表格，等候汽車開過來		15
16. 開車回家		20
消費時間總計	58分鐘（28%）	152分鐘（72%）

圖表1-4　多個步驟，大部分浪費時間

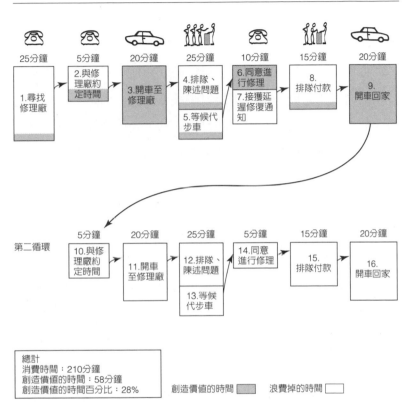

總計
消費時間：210分鐘
創造價值的時間：58分鐘
創造價值的時間百分比：28%

創造價值的時間 ▨　　浪費掉的時間 ☐

感覺時間與時鐘時間

到目前為止，我們已列出每一個步驟，算出每個步驟耗費的時間，而且使用的是每個人日常計算時間的方法。但這種方法正確嗎？

我們當中的一位，早年曾任職於交通計劃研究部門。政府

在考慮闢建一條新高速公路或一條鐵路，必須衡量能為旅客節省多少時間。這是政府進行的成本／效益分析的方式，以決定哪一項計劃較有投資價值。

這些計劃案的分析師，很早以前就知道：時鐘顯示的並非真正的時間；時間的價值不能以時鐘來衡量。例如，在危險地區，旅客於深夜時分在黑暗的月台候車，覺得等候的時間比實際時間長許多。相對地，旅客坐在舒適的車箱內看報紙或打個盹，覺得時間過得飛快。因此，對於旅客而言，增加列車班次或增加月台警力，比增快行車速度，前者較能節省「時間」。但對於從來不曾搭乘通勤列車的官員們來說，增加行車速度才是一個好主意。

將這個觀念運用於消費行為，例如修理汽車。我們可以輕易看出，那些你認為不必要的步驟，如排隊等候或無法確定修理結果（修車廠能否在約定的兩小時內修復汽車？並準時出現在我家窗前？），比起能夠創造價值並對結果有十足把握的步驟，雖然用了你同樣的「時間」，前者卻比後者感覺時間長許多。

我們稱前者為「煩心時間」（hassle time），即感覺比實際時間還長的時間。所謂成功的消費歷程，即是將無法創造價值的「煩心時間」極小化。

這個觀點給予我們強化消費圖的概念。於是我們把每個程序，加入消費者的感受，畫成臉譜。如圖表1-5清楚顯示消費者的煩心程度。

圖表1-5　我的修車經驗真有這麼糟糕嗎？

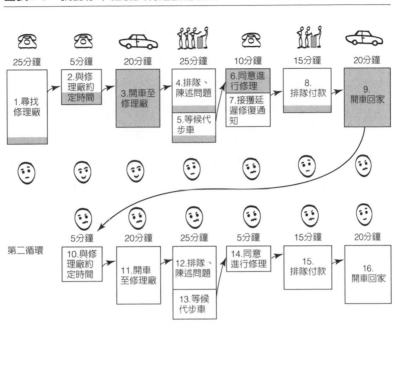

```
總計
消費時間：210分鐘
創造價值的時間：58分鐘
創造價值的時間百分比：28%
```
創造價值的時間 ▒▒▒　浪費掉的時間 ▭

　　消費者真正想要什麼？供給者應該供應什麼？這兩個問題的答案其實可以呈現在一張更小的消費圖中，而且當中的臉孔都是笑臉。這正是精實消費（lean consumption）的功效。

做白工

　　或許你認為，修理汽車、購買並自行安裝電腦是相當麻煩的事，但這類消費並非經常發生。畢竟，汽車的品質愈來愈好，如同我們在序言裡所提到的；而且，只要電腦產業能更成熟，電腦也會愈來愈好用。

　　於是，你相信修理汽車和買電腦都將不再是煩惱，其他目前有問題的消費也能夠獲得解決，你可以繼續在消費市場上遨遊。其實並不然。舊的消費問題解決了，新的消費問題將繼起。就像「打地鼠」的電動遊戲機，你打倒一隻地鼠後，新的地鼠還是會一直冒出頭來。

　　學術界曾針對人們如何利用時間進行研究[3]。為了將人們利用時間的情形進行分類，這項跨國研究將一天二十四小時分為四類：個人時間（睡眠、穿衣、吃飯、個人衛生）、支薪工作時間、休閒時間，以及一項絕妙的建議類別——不支薪工作時間。

　　兩百年來，一般人的個人時間平均為一天九小時。至於支薪工作的時間，近數十年來在經濟先進國家，除了高階經理人和技術人員以外，均呈現穩定下降的趨勢。

　　真正互有消長的，是休閒時間與不支薪工作時間。休閒相當容易定義，即是享樂時間，並且是運用我們支薪工作時間賺來的錢享樂，包括運動及娛樂（從事喜歡的活動、閱讀等）、觀光旅遊，或只是獨自或與家人朋友清閒地坐著。至於什麼是

「不支薪工作時間」呢？就是一些我們不願意做的麻煩工作，而且沒有報酬；但為了解決日常生活問題，我們又不得不做，包括打掃居家衛生、日常瑣碎家事，以及取得、安裝、維護、丟棄我們所需的貨品或服務。

　　儘管現代社會有許多節省勞力的機器，但也正是因為這些機器，近數年來在先進國家，不支薪工作反而有侵蝕休閒時間的趨勢。不支薪工作增加的原因，大都是為了進行消費——開車去購物、看醫生、付帳單、理財、修理房屋、維修汽車等。這些事務不僅是消費者的個人需求，還有一大部分是消費者雙親或兒女們的需求。

　　如果我們耗費於親人以及自己身上的不支薪工作時間日益增加，而這些工作又相當煩人，那麼廣大的企業經理人應該怎麼做，才能使消費者以較少時間獲得更大滿意？更進一步，企業經理人應該如何將這種情形視為絕妙商機，減少成本並獲得更高的顧客滿意度？在著手進行減少不支薪工作的時間之前，先讓我們來看看等式的另一端，即價值供給程序（value-provision process）。

第 **2** 章

精實供給

完成消費大道的漫步後，幾乎每位經理人都想坐下來，思考漫步過程中所發現的問題。但如果不同時檢視消費行為的供給面程序，還是會無法掌握到重點。我們必須知道，為什麼即便供給者耗用大量資源，消費者仍然覺得消費困難，而且沒有達到經濟效益。

喘一口氣後，我們必須再出發，前往供給「現場」散步，同樣以修車消費行為為例，檢視廠商做了哪些動作。我們必須詳細記錄每位員工如何執行每一個步驟，以及耗用多少精力。同時，這也是經理人和員工會歷經的供給經驗。他們對這些步驟的觀感，將嚴重影響對自己的工作滿意度，以及自認滿足顧客的程度。

在漫步途中，我們也希望找出消費溪流和供給溪流的交匯點，也就是消費者和供給者的直接互動點。這些互動點，通常就是消費者和供給者最不滿意對方的地方。

漫步供給「現場」

以鮑伯的修車案例而言，供給一方的程序起始於服務台接獲了鮑伯的電話，聆聽問題之後，向顧客描述大概的修理作業，並提出初步估價。然後，修車廠再度接獲鮑伯的電話，排定進廠時間。

鮑伯在約定時間將車開到修理廠。這令修車廠有點喜出望外，因為在北美地區，大多數已排定進廠時間的車主，都沒有在約定時間出現。由於這家修車廠不曾修理過鮑伯的車，也沒有任何關於這輛車的紀錄，於是服務台寫下車子的問題，交給檢修部的技師。

應該要開始作業了。今天的工作流程是先檢查前一個車主開進廠的汽車，於是助理將鮑伯的小貨車開去遠處的停車場，然後帶著鑰匙回來。等到輪到修理鮑伯的車時，助理再去停車場把車開回來，駛進檢修區。

技師在檢修區內，對鮑伯的車進行徹底檢查，找出了問題，並向零件部門訂零件。就消費者的觀點而言，這是供給者執行的第一個創造價值的動作，而小發財車進廠已過了三個小時。

技師檢查後發現，小發財車的狀況不止於「檢查引擎」的燈號問題，而且依照製造廠商最新修理手冊指示的更換零件，很可能修不好。但依照程序，更換零件是目前必須進行的第一個動作，於是技師估算價格並向服務台報告。他要求服務員打

電話給鮑伯，以獲得鮑伯准許進行修車。

　　服務台終於連絡到鮑伯——打了數通電話，而且等了一會兒鮑伯才回電——鮑伯在電話中抱怨修理價格比先前預估還貴，但最後也只好同意修理。根據技師長久以來的經驗，鮑伯必然會抱怨價格太貴，但技師也知道，鮑伯沒有選擇的餘地，最後還是會同意修車。因此，技師利用等候期間，去零件部的窗口，等候部門助理將零件從倉庫裡拿出來。

　　十分鐘後，零件部助理告訴技師，所需的零件當中有一項沒有庫存，必須打電話問問別的車商，看看能否調到零件。小發財車的製造商在本地有一個零件供應中心，他們有這項零件庫存，但供應中心離修車廠一百五十英哩，而且要隔天才送貨。為了當天能修好小發財車，零件部門開始向鄰近的修車廠調貨。

　　零件部助理打了數通電話，並且上網查看鄰近修車廠是否有這款車的庫存零件。最後，零件助理只得向技師報告壞消息：小發財車必須等明天零件送來之後，才能進行修理。

　　必要的零件無法取得，助理只好再把車開回停車場。這又衍生了另一個步驟，也是服務台最難為的事：打電話給顧客，解釋延遲修復的原因。這種情形經常發生，但處理起來並不容易，因為大多數顧客都無法認同延遲的理由，甚至向服務人員咆哮。儘管他們心裡明白，在電話裡罵人也是件很浪費時間的事。

　　第二天早上，零件送到，可以開始進行修理。小發財車再

次開進檢修區，技師捲起袖子開始幹活。就消費者的觀點而言，這是汽車進廠後第二個創造價值的動作。由於無須調整任何電子設備，換新零件的動作只需幾分鐘。

此後，只要再執行三個步驟，就可以將車子交回鮑伯手上：把車開回停車場，等候顧客領車；顧客取車時填寫文件；將車由停車場開來，向鮑伯揮手道別。

後來，如同我們在第1章所敘述的，車子並沒有修好——美國40%汽車車主的修車經驗。鮑伯駛離修車廠僅數哩，「檢查引擎」的警示燈再次閃爍，於是進入第二次的修車循環。第二次循環的差別在於：徵詢技術部門的意見，更換更多的零件。此外，修車廠還進行試車，以確定問題徹底解決。很幸運地，試車結果良好，修理程序完成。

整個歷程確實相當繁瑣。我們已在第1章列出整個過程的先後順序。現在，我們將合併每一道步驟和職工耗費的時間，列表於圖表2-1。請注意共有二十九個步驟，總計耗費三小時又四十分鐘的職工時間。

繪製供給圖

就像我們在第1章繪製的消費圖一樣，這裡我們也來繪製一張「供給圖」，將所有的步驟由左至右排列（請參見圖表2-2）。請注意，我們將數個進行較快的步驟匯集在一個格子裡，譬如排定進廠時間、進行修理、交車給顧客等。這麼做的目

圖表2-1　供給步驟表

步驟	時間（分鐘）
1. 接聽顧客詢問修車的電話	5
2. 約定進廠時間，排定修車工作	5
3. 登錄車況，準備工作清單	15
4. 將車開至停車場	5
5. 車子由停車廠開至檢修區	5
6. 檢查車況	10
7. 填寫估價單、零件表	5
8. 聯絡顧客，獲知顧客同意修理	5
9. 零件部尋找零件	10
10. 確定零件送達時間	15
11. 將車開至停車場	5
12. 聯絡顧客，解釋延遲原因	5
13. 車子由停車廠開至檢修區	5
14. 修理汽車	15
15. 將車開至停車場	5
16. 準備發票，刷卡	5
17. 將車由停車場開來，交給顧客	5
18. 約定進廠時間，排定修車工作	5
19. 向顧客致歉，準備工作清單	10
20. 將車開至停車場	5
21. 車子由停車廠開至檢修區	5
22. 製造廠協助檢查車況	20
23. 填寫零件表	5
24. 聯絡顧客，獲知顧客同意修理	5
25. 修理汽車	15
26. 試車	10
27. 將車開至停車場	5
28. 準備發票，刷卡	5
29. 將車由停車場開來，交給顧客	5
總計供給時間（29個步驟）	**220分鐘** **（3小時又40分鐘）**

的，在於使供給圖更容易閱讀。一張圖解成功的關鍵，端視能
否讓人對所有的重要活動一目瞭然。圖表2-2可以顯示究竟有
多少行為創造價值。

圖表2-2　這家修理廠應該被修理嗎？

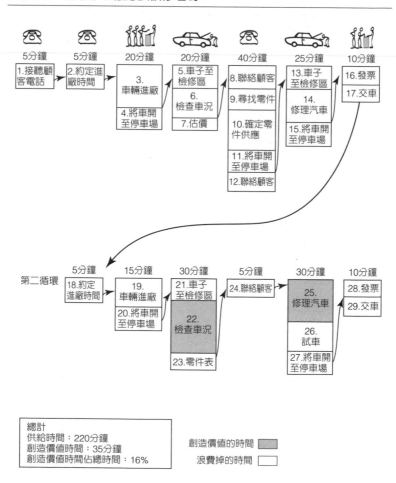

總計
供給時間：220分鐘
創造價值時間：35分鐘
創造價值時間佔總時間：16%

創造價值的時間 ▨
浪費掉的時間 □

為了更清楚解析供給程序，我們將消費者認為實際創造價值的時間，以陰影顯示。結果，我們的重大發現是：消費者幾乎認為這二十九個動作都沒有創造價值，除了第二次檢查車況以及第二次進行修理，兩者共花了三十五分鐘職工時間。

其他的步驟，在現今的供給消費程序中固然不可避免，但消費者認為這些步驟能免則免，而且不認為自己應該支付這些步驟的費用。

員工想要的是什麼？

我們也可以將員工在修車過程中的感受，顯示於簡圖。圖中的笑臉，表示員工在這個步驟中，對於自己的工作滿意程度；愁眉苦臉則表示該步驟令員工沮喪挫折。圖表2-3說明員工對浪費掉的時間的感受。

譬如，技師對於檢查車況和實際修理這兩個步驟感到滿意。運用複雜的工具解決技術問題，本來就是從事這行的吸引力。同樣地，將汽車在修理廠與停車場之間開來開去，固然消費者會覺得沒有價值，但對任職於車廠的年輕助理來說，基於熱愛車子的理由，卻是項讓他滿意的工作。然而，向顧客解釋汽車為何延遲修復，或是請排隊等候已失去耐性的顧客填寫表格，就是個壓力極為沉重的工作。從圖表中的愁眉苦臉以及服務業中這類工作的高員工流動率，便足以充分說明員工的感受。

圖表2-3 為什麼修車廠的作業不能令人更滿意？

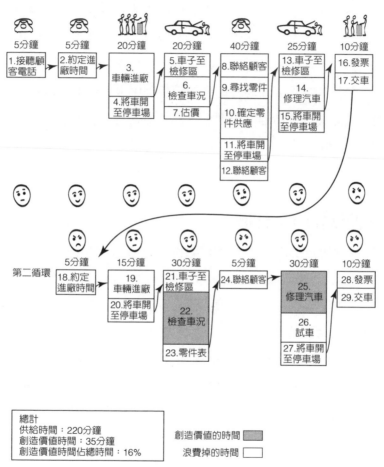

總計
供給時間：220分鐘
創造價值時間：35分鐘
創造價值時間佔總時間：16%

創造價值的時間 ▨
浪費掉的時間 ☐

結合兩張圖解

我們將第1章的消費圖和第2章的供給圖上下排列之後，
就完成了我們的製圖工作。從這張完整的合併圖（請參見圖表

2-4、2-5）可以看出，單單是修理汽車這個簡單行為，就包括了消費溪流（consumption stream）和供給溪流（provision stream），成為一個完整的價值溪流（value stream）。合併圖能同時從消費者的觀點以及供給者的觀點，追蹤整個流程。

圖表2-4 觀察整個價值溪流——第一循環

25分鐘	5分鐘	45分鐘	10分鐘	35分鐘
1.尋找修理廠商	2.與修理廠約定時間	3.開車至修理廠 / 4.排隊，陳述問題 / 5.等候代步車	6.同意進行修理 / 7.接獲延遲修復通知	8.排隊，付款 / 9.開車回家

5分鐘	5分鐘	20分鐘	20分鐘	40分鐘	25分鐘	10分鐘
1.接聽顧客電話	2.約定進廠時間	3.車輛進廠 / 4.將車開至停車場	5.車子至檢修區 / 6.檢查車況 / 7.估價	8.聯絡顧客 / 9.尋找零件 / 10.確定零件供應 / 11.將車開至停車場 / 12.聯絡顧客	13.車子至檢修區 / 14.修理汽車 / 15.將車開至停車場	16.發票 / 17.交車

圖表2-5　觀察整個價值溪流──第二循環

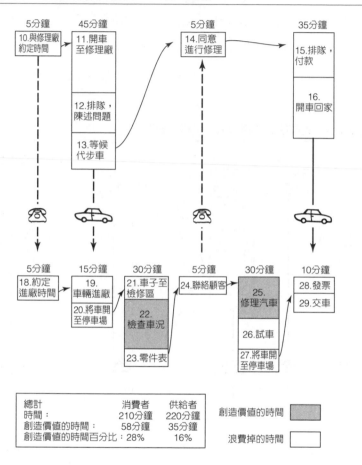

沒有贏家的世界

　　學會觀察價值溪流可以得到重要的發現。令人驚訝的是，
完整的步驟表和價值溪流顯示，消費者和供給者雙方都浪費了
許多時間，而且雙方的挫折感都很大。其中，最大的挫折感正

是來自消費者與供給者面對面處理問題的時候，一方在電話旁
或是排隊的隊伍中，另一方則試著解釋延遲修復的原因。消費
者和供給者一起解決問題應該會帶來最大的滿足，卻反而造成
雙方最不舒服的感受。

　　結果是，顧客花費太多時間精力在浪費的行為上，而廠商
也因此付出實際成本。事實上，這些都是可以避免的。此外，
消費者對於汽車何時能修復，究竟需要支付多少修理費，以及
是否真能修復，而承受極大的壓力。修車廠員工則不斷在錯誤
的程序中奮鬥，還必須向顧客一一解釋各種狀況，也使他們壓
力沉重。最後，修車廠老闆並沒有回收預期的利潤。這是一個
三方皆輸的歷程。

爛程序裡的好人

　　我們該如何處理這類經常會碰到的狀況？通常我們不會等
他人辯解，直接將對方評斷為「壞人」。顧客認為修車廠老闆
不是白痴就是騙子；修車廠老闆則認為顧客是傲慢的低能傢
伙；員工會覺得老闆和顧客都是壞人。

　　雖然有極少數老闆和顧客確實是白痴或騙徒，但問題的根
本原因其實在於：這是一個爛程序，而且沒有一方認清狀況或
出面處理。根據我們多年觀察錯誤程序的經驗，可以確定的
是，當你把好人丟進爛程序裡，很快地就能聽見他們在責怪彼
此的不是。更糟的是，沒有任何跡象顯示程序將有所改進。只

知道責怪人而不去檢討整個流程，這也是另外一種形式的浪
費。

　　在實際生活中，我們既是生產者也是消費者，得終日與這
些爛程序奮鬥，因此我們無不希望這些程序能更好。如果我們
能學會一起觀察和思考，當然就能做得更好。如果那些浪費的
動作能被移除，消費者無須再做不支薪的工作，員工對工作會
更滿意，老闆也能節省許多不必要的支出，豈不是皆大歡喜
嗎？我們將在下一章討論，如何運用精實消費及精實供給原
則，達到三方皆感滿意的結局。

第 **3** 章

全盤解決我的問題

　　前兩章，我們以典型且普遍的修理汽車為實例，檢視了結合消費面與供給面的價值溪流。一旦學會觀察價值溪流，你將發現它無所不在，因為沒有價值溪流即無法創造價值。同樣地，分析價值暢流（the flow of value）的方法，也可以運用於任何型態的消費和供給，而且一樣有效。這些技巧也可以連結整個價值溪流的各個步驟，起始於尋找正確的貨品或服務，結束於資源回收。

　　現在，已到了精實思考者每天進行創造性行動的時候了。也就是說，精實思考者必須同時站在消費者與供給者的觀點，仔細觀察價值溪流，以尋求更好的未來。這是追求完善程序的第一步，也是消費者、員工和企業主三方，認為最正確而且最好的狀態。

　　我們應該從何處開始？

　　務必記得，消費者取得貨物和服務是為了解決問題。精實

消費的首要原則，即是全盤解決消費者的問題。就讓我們從這裡開始，任何無法全盤解決問題的消費歷程，都無法被接受。

　　但是請注意，整個過程自搜尋至回收中的每一點，都有可能遇到挫折：例如，消費者開始進行搜尋時，即便公開資訊無比發達，網路搜尋工具成本極低，仍然可能無法找到適當的商品或服務來解決問題。即使消費者成功搜尋到適當的商品，也無法在搜尋過程中獲得有意義的回應，確認自己是否能確實解決問題。也就是說，顧客經過搜尋步驟，最後固然可以找到自己認為需要的商品，但絲毫沒有受到幫助，得到一個較佳的實際解決方案。

　　即便消費者能尋獲自己需求的商品，仍須極度耗費時間與精力以完成採購。正如我們在前言所引述的，電腦訂單不見了的實例。我們稍後將討論，儘管廠商們逐次增加服務熱線，以解決消費不成功的問題，但這些熱線卻被導引至錯誤的方向。

　　第二個失效點經常發生在送貨和安裝的階段。不管是單項貨品或集合式貨品，都容易在這個階段出現問題。以單項貨品而言，你一定曾經歷過，組合家具無法組合。就集合式商品來說，丹尼爾購買電腦就是一個具體實例；買來的電腦軟硬體不能相容，廠商也無法解決問題。

　　即便買來的商品順利安裝完成，順利運作，也極有可能隨即發生錯誤。更糟糕的是，修理程序可能也是錯誤百出。例如鮑伯修車的慘痛經驗，或許你也曾經遭遇類似狀況。

　　其次，購置的商品可能需要升級，於是又進入另一個程

序，結果可能是超出預算、延遲完工，甚至無法完成升級。這種情形最常發生在重新裝潢房屋，或進行電腦升級的時候。

最後，用以解決問題的商品終於壽終正寢，必須丟棄或做資源回收。然而丟棄程序相當複雜，很可能對環境造成破壞。我們撰寫本書期間就曾丟棄舊電腦和舊印表機，由於包裝和運送到回收中心的程序相當複雜，我們只好直接將它們棄置在垃圾堆。回收失效的真正受害者，則是我們居住的環境。

任何一個步驟失效都將破壞整個消費程序——消費者很可能遭遇大多數步驟的失效，使消費歷程置身險境。但也請注意，個別物品和服務的原始設計，並不是問題所在。適當安裝後，丹尼爾的新電腦順利運作，解決了文字處理問題。現代的汽車駕駛起來也都很順暢，幾乎不需要進廠修理。因此，挑戰點在於，如何將物品或服務——它們的說明書通常都非常完美——做適當處理，使它們能順暢運作。

了解問題，消除問題

避免消費失效的最好方法，顯然是仔細檢討消費失效的案例，別再重蹈覆轍。

最佳的搜尋程序，是永遠有效的搜尋程序，而不是有最佳求助熱線的搜尋程序。

最佳保固期間——例如汽車——是「永遠無須維修」，直到報廢。最好的修理程序是無須修理，因為商品永遠不會壞。

第1章敘述的修車程序，共耗費消費者三小時又三十分鐘的時間。就鮑伯的觀點來看，完全就是在浪費他的時間，不論車子能被修得多麼好，最好是根本不用修車。

　　所以，供給者應該怎麼做，才能避免「消費失效」（consumption failures）？

　　製造烤箱、割草機、汽車等實體貨品的廠商，已能接受下述觀念：貨品自開封使用至報廢，都需順暢運作。他們甚至推出免費維修方案，售價也已考量到日後的維修成本。這麼做的動機並不是出於慈悲心，而是已無選擇的餘地。尤其是近二十年，以豐田汽車為首的日本廠商，生產出瑕疵率極低的車子，第一年的使用情況幾乎零問題，成為日本廠商的競爭利器，也迫使其他廠商做出回應。

　　即使多數商品的實質價格（依物價指數調整）持續滑落，廠商們仍推出各項優惠服務措施。菲爾・克勞斯比（Phil Crosby）於1979年提出的「品質免費」[1]（Quality is Free）理想，終於成真。廠商們紛紛創設自初始階段即嚴格控制品質的供給程序，運用人工或自動化設備，偵測問題並即時反應，確保品質。

　　公眾評鑑機構針對多項商品評鑑的結果指出：以出貨階段或使用有效期間的瑕疵率來衡量商品，多數商品的品質都已獲得改善；商品服務期間增長了；多數產品更耐久、更少需要修理；幾乎每種商品的保固期都延長了，有些汽車甚至保障十年十萬英哩。更令人興奮的是，少數幾項產品甚至規範，出廠後

完全無須維修。全球各國亦對每英哩廢棄排放量達一定標準以下的汽車訂出優惠條款，車主在十萬英哩內都無須進廠調整排放量。

我們相信，只要有良好誘因，廠商就能夠運用現代科技，創造低維修頻率商品。不妨問問自己，汽車、電腦和其他設備，如果廠商將維修費用內含於製造成本中，或是在進行維修時收取高額費用；哪一種情形之下商品的送修率會比較高？

相對地，電腦軟體業者則認為，消費者對於電腦當機這件事的接受度還算高，只要有更高階性能的軟體問世，當機問題就能解決。此外，軟體產品的保證書也不容易規範，因為軟體太容易模仿，而且不太可能「退貨」給廠商。結合軟硬體的電腦產品，更難開具保證書。因為產品一旦發生問題，通常不容易解決，將耗費消費者許多時間與精力。

所幸，電腦的軟硬體產品都已達到成熟階段——個人電腦和辦公室軟體已經數年沒有什麼變化——再加上整合軟硬體的技術日趨成熟（例如汽車），也快速改變了消費者容忍瑕疵的心態。

所以，消費者所能獲得的協助愈來愈多。但要注意的是，我們用來解決問題的商品也愈來愈多，即使每件商品瑕疵率降低，加總起來所耗費的時間仍然不減反增；而且，不論是錯誤的搜尋程序、錯誤的訂購程序、錯誤的安裝程序，還是錯誤的修理程序；廠商都不可能對消費者所耗用的時間和精力進行補償。然而，時間卻是消費者最大的成本支出。

我們期望廠商能向前躍進一大步，認為自己生產的產品能永遠正常運作。如果有供給者願意支付消費者，產品全程使用期間的所有瑕疵修理費用——包括以金錢折算出消費者所消耗的時間和精力——這個廠商將寫下歷史新頁。不論如何，這些觀念將影響未來的商品設計。簡單地說，如果供給者必須支付消費失效的費用——也就是將消費者目前免費付出的時間和精力，轉嫁於商品價格中——那麼用以解決問題的商品將不太可能失效。

這是個觀念的轉變，重點在於：供給者由銷售者或出租者的角色，轉變為服務客戶的角色，而且是在商品效期內永久服務。於是，當需要解決問題的時候，由供給者支出勞務，而不是消費者免費提供勞務，用以解決問題的商品也從未脫離供給者的掌控。我們將在第10章討論這種解決方案的運作情形。

支援中心[2]

我們生性樂觀。但要達到讓消費者順利執行「搜尋—取得—安裝」過程，以及每項商品每次在有效期內都能順利運作，並與其他商品結合後也能順暢運作的狀況，還有一段很長的路要走。目前，消費者與供給者的挑戰在於，如何找出較佳的方式，以改正商品的瑕疵、損壞或無法與其他商品並容使用的問題——這些商品通常是由不同廠商各自獨立產製。幸好，精實方式能穩定引導我們，朝向較不易失效的消費程序邁進。關鍵

在於必須蒐集每個「消費失效」的實例，使現存的問題能全盤且迅速地獲得改善，避免同樣情形一再出現。

為了解實際運作狀況，讓我們來看看多數公司處理消費失效的機制——支援中心。汽車製造商最常運用這項機制，來處理顧客對於經銷商的抱怨，以及提供道路救援服務。電腦公司和軟體公司，例如戴爾電腦（Dell）以及微軟（Microsoft）則廣泛利用支援中心處理搜尋、訂購、安裝、維護、修理、升級失效的情形（順便一提，支援中心的費用佔營運成本相當大部分）。大多數供給商品和服務的公司，也經常透過支援中心協助顧客操作產品——例如企業資源規劃系統（Enterprise Resource Planning, ERP）、航空訂票系統、小型公司資訊科技綜合軟體等。

通常這些公司都盡可能將各種問題的解答，設計成自動引導系統。顧客經由網路或電話，透過語音或按鍵辨識，就能得到指引。當然，你也會注意到，自動化系統往往無法立即解決問題。通常得在線上等很久，才有真人接起電話為你服務，只是這時候已覺得相當挫折。

讓我們到典型的支援中心實地走一趟。支援中心的硬體設備非常簡單：一個大房間裡有許多人，頭戴耳機，一邊盯著電腦螢幕，一邊和顧客通話。線上的顧客或許在地球的另一邊。一般來說，與顧客進行網路或電話聯絡的人，往往是公司裡薪水最低，最不了解公司狀況的員工。他們的工作——也是主管考核他們的標準——即是以標準答案回答標準問題，並且能夠

在每小時應付愈多顧客愈好。在付出最低成本的情況下，盡量解決顧客的問題。主管整天盯著牆上的大螢幕，上頭顯示來電顧客平均等候時間，以電話和電子郵件答覆顧客所花的時間，並且機動調度人員，讓顧客等候時間能維持在該產業的標準值之下。

有些顧客的問題是從未遇過且極不尋常的，這時支援中心必須將這些問題回報給公司的相關部門；至於一般標準問題則不需要進行內部聯繫。事實上，因為委外經營的關係，許多支援中心往往遠在他國。結果，消費者向支援中心求助，支援中心卻經常無法得到原製造廠商的幫助。可以預料的是，支援中心或客服中心員工的士氣相當低落，人員流動率每年高達40%，甚至50%。

事實上，支援中心還潛藏一個更大的問題。支援中心的原始目的在於，幫忙顧客了解那些企業已經知道的問題，而不是針對每位顧客的特殊需求提供解答。此外，支援中心並沒有可以探究問題根本原因的機制，以及通報給企業總部的管道；更沒有擬定修正方案，以避免同樣問題再度發生。最後，支援中心無法告知顧客較佳的商品使用方法。通常，公司裡每一個人都知道這些方法，只有消費者無從得知。精實支援中心的運作方式，與上述情形完全不同。

基本上，精實支援中心的人事、訓練、動機，就與傳統觀念迥然不同。首先，精實支援中心的員工都受過進階訓練，而且不以他們每小時應答顧客電話數量為考核標準。精實公司鼓

勵支援中心員工，請顧客多談談問題的本質，雖然這會多花許多時間。例如，顧客的問題很可能與軟體並容無關，而是軟體欠缺某項功能。這時候，修理或提供該功能即能直接解決顧客的問題。

其次，精實公司能夠確實聯繫各部門（包括公司客戶），對於支援中心提報的問題，快速探究出原因，並迅速擬定一勞永逸的修正措施。修正的範圍包括顧客已在使用的商品、生產線上的商品，以及裝運中的商品（第2章的供給圖極具參考價值，供給者可藉此圖追蹤問題的根本原因，消除浪費時間的步驟，以改良供給程序）。希望藉由探究並修正消費失效的根本原因，從源頭減少支援中心的電話數量。

於是，顧客打電話來的時候，適任的支援中心能將一個令人沮喪的失效消費，轉化為正面經驗。例如，一位經驗老到的支援中心人員，能遠超出顧客的期望，告知顧客不知道或已遺忘的軟體功能。支援中心員工也能在與顧客互動的過程中，告知顧客較新較好的產品訊息，以解決顧客的問題。

比較傳統的支援中心與精實支援中心，可以發現後者的時間成本相當高昂；因為與顧客講電話的時間非常長。但隨著整個程序穩當運作，特定問題的求助電話將急遽下降至非常少數，進而以自動應答系統處理。也就是說，獲取訊息階段的成本相當高，但整個支援中心的成本卻降低，顧客的成本也降低了。而且，顧客的滿意度將大幅提升，帶來更多生意，使營收增加。

追根究柢的回饋機制

上述理論聽起來非常有道理，但實際上能運作嗎？我們調查發現，歐洲最大的資訊科技服務公司——富士通服務公司（Fujitsu Services）——確實將這項理論付諸實踐。

多年來，富士通公司一直是電腦硬體製造商，只提供自家產品技術支援。為了企業成長，富士通公司於1990年代末，決定掌握科技資訊委外趨勢的商機，創設富士通服務這家子公司，協助眾多將顧客服務系統和技術支援外包的企業。

進入這個領域後，富士通發現要成功的話，必須扮演一個非常不同於以往的角色。公司必須在眾多顧客求助電話，以及供應各種硬、軟體設備和提供服務的公司之間，進行協調聯繫，以全盤解決顧客的問題。而這些公司往往互相不認識。

此外，許多企業在外包支援中心進行競標時，通常以每通客訴電話處理成本為計價單位，價格最低者得標。這種競標方式，使得承攬支援中心業務的業者，沒有理由去減少客訴電話數量。一旦客訴電話減少，外包公司的營收也跟著減少。於是，傳統的支援中心公司絞盡腦汁，使用最廉價的員工，以最快速度，照本宣科回答千篇一律的問題。就支援中心接線生來說，問題千篇一律的顧客電話，是個好現象而不是糟情況。

富士通在加入外包服務公司的領域後，決定以全新心態面對這個問題。例如，富士通於2001年接手英倫航空（British Midland，2003年改名為BMI British Midland）的支援中心外

包業務後，立刻針對這家航空公司員工打來的電話[3]，進行類型分析，並且著手了解來電的問題本質。套用富士通常用的詞彙，即辨明「顧客的目的」。同時，他們也追蹤徹底解決顧客來電問題所耗費的時間和精力。更重要的是，他們深入評估當資訊科技系統當機以及延遲修復時，對於英倫航空業務所造成的衝擊。

富士通公司很快地發現，半數以上的求助電話都是重複發生的問題。例如，26%的求助電話，都是機場登記櫃檯的列表機故障，票務人員無法為旅客列印登機證和行李吊牌。對於航空公司而言，這是極嚴重的問題。沒有登機證的乘客和沒有掛吊牌的行李，無法進行安全檢查，造成旅客趕不上飛機，航空公司損失營收。要是因此而在擁擠的歐洲各機場造成班機延誤起飛，損失將更嚴重。

先前的支援中心承包商，以一般常識處理這個問題：打電話給印表機供應商，火速派員前來修理，以免登記櫃檯職員持續打電話求救（支援中心承攬業者，只能對同一問題的第一通電話，向航空公司收費）。外包公司經常為此對印表機公司人員大聲咆哮，希望他們動作快點，但通常效果不彰。

富士通公司分析，最符合成本效益的方法，就是徹底根除打電話進來求救的原因──徹換不符合使用需求的印表機。英倫航空最後終於接受富士通公司的建議，全面更換印表機，以改善作業效率。

新印表機上線十八個月以來，支援中心接獲印表機故障求

助電話的數量，遽降80%。航空公司的乘客逐漸增加，營收也
相對增加，機場運作費用則隨之減少了。公司在更換新印表機
後所獲得的收益，遠遠超過購置新印表機的費用。但登機櫃檯
職員打電話報告印表機故障的狀況，仍然偶爾發生。於是富士
通公司和新印表機公司共同研究出一套新的維修程序，將平均
修復時間由以往的十小時降為三小時。

接著，富士通公司擬出具體方案，和英倫航空重新談生
意。希望未來承攬支援中心業務時，不再以應答電話數量為收
費標準，而是以預估的電話數量收取年費（以印表機事例而
言，即是使用這套系統的登記櫃檯職員人數）。如此，富士通
公司才能以合理獲利的價格參與支援中心競標，並能夠繼續以
解決問題根源的方式，減少求助電話數量。於是，賓主雙方都
有了正確誘因。

運用追根究柢的方法，富士通公司在十八個月內減少了英
倫航空40%的求助電話，客服中心的滿意度也大為提升。支援
中心的人員流動率，由之前的50%降至8%。因為支援中心員
工能以新的觀點，看待自己的工作——不再是反覆背誦標準答
案的機器人，而是積極的解決問題者。

富士通公司於1999年至2002年之間，將這個觀念推廣到
所有承攬的支援中心，成功地減少了各企業的求助電話數量，
最高甚至減少了90%。富士通公司的支援中心聘用優秀人員，
並支付較高薪資，服務成本因而增加。但由於整體人力支出大
幅下降，使得平均每通電話的成本反而降低30%，顧客滿意度

則提升一倍。此外，富士通公司每年的人員流動率，由42%降低至8%，也節省了一大筆人事訓練費用。

另外，將這套追根究柢法運用於多家企業的支援中心後，富士通公司還間接促使客戶獲得新產品的靈感。因為支援中心人員肯多花時間，與求助顧客討論種種使用上的細節。傳統的支援中心人員為求效率，靠的是背誦標準答案來回應顧客的求助電話。但富士通的支援中心人員卻肯花時間，探求問題的根本，因而常能發掘顧客的真正目的——等於為廠商開啟更多創新產品的機會大門。

例如，在承攬某著名軟體公司個人理財軟體的支援中心業務後，富士通員工很快發現，整個支援中心定位錯誤。這家軟體公司的員工都是技術人員，認為支援中心的任務即是幫助客戶解決軟體的技術問題。然而，富士通卻發現，多數顧客來電只是想知道如何運用這套軟體解決他們的特殊問題。就技術觀點而言，這套理財軟體並沒有問題，於是他們向軟體公司建議，再設置一個便宜的付費支援中心，協助顧客了解理財軟體的全部功能。

為使支援中心職員保持追根究柢的作業方式，並爭取更多生意，富士通公司在這段期間內，將原本按照來電數量計費的方式，改成預估顧客可能來電數收取年費的方式。新的計費方式，著眼於減少消費失效根源，以減少電話數量，造成三方皆贏的成果。顧客打電話進來能解決問題，企業主則支付費用給富士通公司。在這段期間內，富士通的市場佔有率和營利數字

同步成長。例如，富士通公司原本只承攬英倫航空的員工支援
中心業務，隨後該公司決定，將全部的支援中心業務都外包給
富士通公司。

境外委外策略：錯誤的問題與答案

　　我們相信，精實原則的運用非常廣泛。精實思考者不認為
有效地解決重複發生的問題就叫做效率；根本消除消費失效的
原因，並節省人們處理消費失效的時間與精力，才是真正符合
效益（套用製造業目前流行的一句話：「每一次失效都是改善
的契機。」）。這又觸及目前爭論甚烈的問題：先進國家的組織
是否應該將支援及客服中心移至工資低廉的國家？這個爭論顯
然沒有掌握到問題重點。

　　精實思考者不認同將數量大的工作，移至工資低廉的國
家，他們認為應該先問問做這些工作的真正用意。精實消費程
序的精神，即是以較少的員工，運用較佳的方式，解決逐漸減
少的問題。員工必須更老練，更熟悉產品及其使用方法。更理
想的狀況是，支援中心的員工可以直接與工程師和經理人對
話，以探究問題的根本原因，並提出一勞永逸的解決方法。因
此，支援中心最好能靠近企業的技術中心，或是客戶公司的作
業中心，例如英倫航空總部。而且，支援中心最好屬於企業編
制內，而不是外包。

　　如果某企業持續在成本高昂的地區，進行大量生產工作，

卻又沒有辦法解決成本高昂的問題，我們很難相信這家公司的薪資未來不會下降，生產者和顧客之間的空間距離不會愈來愈遠。任何企業，員工薪資的長期走勢，都是以他們創造的價值為基礎，而企業營收則是以顧客滿意度為基礎。

我們認為，傳統產業運作的最大問題——也是社會問題——即是與顧客直接接觸的工作持續邊緣化。委外，更讓企業與顧客的空間距離愈來愈遙遠（耳語已久的引進兼職員工和短期員工的說法，則是這個趨勢的另一個現象）。這些策略將減少員工創造的價值，並降低解決顧客問題的程度。

消費失效所帶來的契機

到目前為止，我們已討論過客服中心和支援中心運作的情形，並且舉出實例證明，在這項「失效產業」（failure industry）中也有傑出的業者。然而，當我們進行消費時，不是依然經常需要求助？一再遭遇同樣的失效狀況嗎？

修車廠的服務台職員，對於汽車沒有多少了解，卻得面對大排長龍的顧客。他們永遠無法觸及顧客問題的實質內容，也沒有管道將這些訊息傳達給修車技師，或零件供應部門。而修車技師才是真正解決問題的人，零件部門則供應解決問題所需的零件。

同樣地，消費者對於數位錄放影機、手機、PDA、照相機的功能大失所望時，商店職員也沒有管道將這些消息傳遞出

去。於是，同樣的產品繼續在生產線上製造，即使業務員早已
經知道應該如何改良這項產品。

我們回頭審視供給溪流。銷售複雜機械的業務主管，能夠
真正了解顧客使用新產品發生的問題，但製造工程師獲知這項
訊息後，卻緩慢且不正確地進行改善。業務主管和服務中心共
同擬定某項事後補救措施，比起由業務主管和工程師共同擬出
徹底解決問題的辦法，前者要容易多了。

每個消費失效都能提供企業許多珍貴的訊息，以了解顧客
的真正需求，同時也是一個化沮喪為滿意的寶貴機會。關鍵在
於，廠商應該設置一個追根究柢的回饋機制，以持續減少消費
失效，提供顧客新建議。另一個選擇則是，堅持現有的制度，
非常有效率地解決顧客重複發生的問題，但永遠不徹底解決問
題，最後與顧客漸行漸遠。

別浪費顧客的時間

讓我們來做一個樂觀的推論：未來的商品和服務都將如預
期正常運作，消費失效的比率穩定下降。這是否表示消費將趨
近完善？不幸地，答案是否定的。即便商品運作順暢，依然存
在著消費者在進行消費時耗費時間的問題，而且消費者未獲得
任何薪資。所幸，精實思考者知道，如何在消費程序和供給程
序中，杜絕浪費時間和精力。我們將在第4章討論這個問題。

第 **4** 章

不要浪費我的時間

　　供給者對消費者有一個非常奇怪的想法:「你有的是時間。」(雖然沒有供給者會把這句話大聲說出來),或只是不自覺這樣想。但事實顯示,供給者普遍有這樣的想法;而且大多數供給者並不認為這個想法有什麼奇怪。

　　看看排隊的人潮吧。任何時候有消費者排隊等候──不論是機場、服務中心、線上支援、醫院、郵局(這是一個全球指標)──不妨問排隊的人兩個問題:

1. 消費者排隊等待,能減輕供給者的工作嗎?答案當然是否定的,除非某些消費者放棄排隊,帶著原本要消費的鈔票走出隊伍。事實上,供給者為了應付人潮,必須調配更多資源,做更多工作。

2. 如果供給者得付錢給排隊的消費者,還會大排長龍嗎?這個問題比較難回答,因為目前沒有任何供給者支付等候期

間的工錢。不過我們認為這個問題的答案也是否定的,除非顧客認為自己的時間一毛不值。不妨試著做以下的練習題:如果航空公司每拖延顧客一分鐘,即須從飛機票價中扣減若干金額,那麼,即使遇上最嚴格的安檢,旅客從走進機場大廈到登上飛機,必須花多少時間?在延誤時間即扣錢的情況下,旅客還需要在一至兩小時前到達機場,在數個候機室坐著或站著等候,排好幾次隊嗎?請注意,所有的等候空間——現代機場的等候區相當大——都很花錢,而這筆費用顯然隱含於機票價格內。

看看隨處可見的排隊人潮,消費者有時候是親自排隊等候他們期待的價值。例如在診所排隊等候醫生看診,在維修中心排隊等候技師修理個人物品。但有許多情形,消費者的時間是浪費在不必要的維修上(因為這商品根本不應該故障),或是浪費在其他如看醫生,會見律師、財務顧問等;如果供給者能事先仔細思考其流程,或必須支付消費者等候的工錢,這些情形可能就不會發生。

消費者所浪費的等候時間,可以列成一長串表單,但這只佔整個經濟的一小部分。在供給溪流中也有許多消費者(即企業員工),他們的時間也被認為不具任何價值。這些消費者包括修車技師、修暖爐的工人、服務台接線生,以及藥學實驗室裡的藥師。他們也「消費」公司其他部門的商品和服務,以解決顧客的問題。

　　對於企業主而言，員工的時間可不是免費的。但我們卻經常發現，員工們也處於無謂等待的狀況。員工們並非懶惰，而是等候公司其他部門提供零件、工具和資訊，以服務顧客，解決顧客的問題。為什麼大家容許浪費時間的情形繼續存在？因為就供給者的觀點而言，讓消費者等待既然無須付費，其他競爭者也有同樣想法，於是顧客就沒有選擇的餘地。

　　回想上一次你收到某服務事項的帳單。這張帳單包括兩個部分──工作時間以及所消耗的物品。供給者給你這張帳單明細，表示服務完成了，而且收取的費用適當。當我們兩位作者收到這類帳單時，身為消費者的第一個直覺是，有多少工作時間用在真正創造價值（也就是修車技師轉螺絲換零件的時間）？以及有多少時間是浪費掉的（也就是修車技師尋找／等候工作空間、零件、工具、資訊，以及技術支援等）？我們很願意支付前者，而不願意支付後者，但我們沒有選擇的餘地。

　　相對地，我們許多老闆朋友，如果覺得帳單太貴時，通常質疑每小時的工資太高。如同將支援中心移至境外低工資區域，這些老闆們並沒有掌握到重點。他們只重視每小時的工資成本，而不去注意整體真正所需的時間。

流程決定時間

　　為了讓消費者和員工不浪費時間，供給者必須更加努力。但如果去催促電腦維修中心或藥學實驗室的技師加快速度，很

可能造成錯誤。這樣做除了增加風險之外，還可能讓消費者浪費更多時間，因為必須再重複一次流程。因此關鍵點在於，企業經營者必須確實了解消費和供給流程，以及為什麼消費者和員工必須耗費這麼多時間。

我們再回到第1章和第2章的修車實例，以了解消費流程如何決定所耗費的時間。然後我們再重新思考整個流程，看看精實供給者如何節省消費者和員工的時間。

如果你還記得，鮑伯的修車流程，起始於尋找適當的修車廠。圖表4-1、4-2顯示當時作業流程。

整個流程包括數次等候電話的時間。為什麼顧客必須抓著電話等待？我們已經說過，等候並不能減少供給者的工作量，修車廠還是需要那麼多人力來回答那麼多電話。長久的等候，並沒有減少修車廠的實際成本，卻浪費消費者的時間，增加修車的總成本（時間和修車費）。

為什麼業者仍然這樣做？部分原因是傳統觀念作祟，認為顧客等候能使員工作業速度加快。另一部分原因是，即使顧客來電數量變化很大，修車廠的員工調度還是不夠靈活。結果是員工加快作業速度，以降低等候中的客戶，但這樣做常造成作業錯誤。最大的錯誤，即是沒有仔細問清楚問題的本質和細節。還有，在尖峰時段，如果應答電話的員工人數沒有增加，有些來電根本沒人接聽。

抓著電話等候一段時間後，鮑伯終於和修車廠敲定進廠時間，於是把他的小發財車開到修車廠，在服務台前排隊等候。

圖表4-1　精實前的修車流程——第一循環

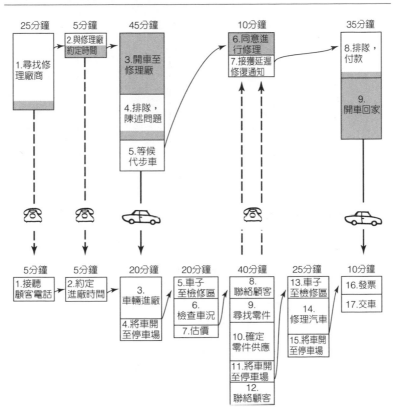

為什麼鮑伯必須排隊？部分原因是先前電話聯繫時，修車廠並沒有詳細詢問相關資訊，也沒有對車子的問題預做診斷。因此造成排隊隊伍愈拉愈長，因為服務人員必須花更多時間獲知車況。另一個原因是進廠顧客的數目變化很大，尤其在上班的交通尖峰時段，進廠的車子特別多。

　　接著，鮑伯再等待租用的代步車開來。為什麼他必須等

圖表4-2　精實前的修車流程——第二循環

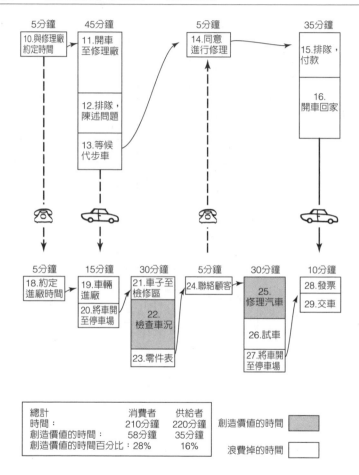

候？因為修車廠無法預估有多少顧客要租車，也無法預估有多
少顧客照約定時間進廠。此外，修車廠門口在尖峰時段車水馬
龍，擠滿顧客的車子，出租車只好遠遠停在他處，有人租車再
開過來。

由於沒有庫存零件，鮑伯的小發財車無法如期修好，於是引發新的問題——鮑伯得再過一天無法使用他的小發財車的日子，而他原已準備第二天去出差。我們將在下一章討論，修車廠為什麼沒有零件，以及如何處理這個問題。先暫且記住這個事實。

最後，鮑伯去修車廠取車，再次經歷等待和混亂，理由和之前一樣。結果汽車廠沒有把車修好，鮑伯必須經歷第二循環，使他的不便加倍。

浪費時間等待的情形不只於此。鮑伯第二次開車進廠，修車廠員工進行修車時，又面對新的等待。這一次，修車廠員工和鮑伯都蒙受損失，讓我們來仔細看看。

任何服務項目的本質其實是技術，工程人員才是真正創造價值的人。可以把這個人想成是腦部手術中的執刀醫師，或是真正動筆纂寫合約的律師。在組織中，他們執行最主要的價值創造活動，並且需要後勤系統所有人的支援。

汽車經銷商的修車廠，就像醫院的手術室——修車技師需要四樣東西以進行工作：可工作的修車台、必要的工具、必要的零件，以及運用工具和零件的技術。部分工具和經常使用的零件一直擺在修車台，大部分的修車技術則裝在技師的腦袋裡。但是，少數幾樣特殊工具，以及多數零件卻不在修車台；若干所需的修車技術，則在工作手冊或其他高級技師的腦袋裡。

如果你跟著一位修車技師一整天，你將觀察到什麼？即便

修車廠努力排班，修車技師還是經常得等待修車台空出來。修車台空出來之後，又必須等候車子開過來。原因是修車廠無法準確掌控進廠待修的車輛數目，而且每一輛車子修理的時間也抓不準。

車子開上修車台了，修車技師診斷出毛病，於是他去拿工具，然後到零件部領取零件。零件部沒有預期修車技師什麼時候會突然出現，而且已經有幾個技師在等候，於是修車技師只好等候——有時候等很久——因為工具部和零件部員工都必須尋尋覓覓。最後是找不到所需的零件或工具，於是修車技師只好轉向其他技師或廠長尋求援助。

結果是修車技師浪費許多等待時間（由消費者付費），而且沒有創造任何價值。這又導致延誤其他的修車工作。以鮑伯的小發財車而言，技師匆忙趕著再修幾輛車，以完成當天的工作份量，因此沒有進行試車。於是鮑伯開車回家就成了試車，而且證明車子沒有修好。

當然有更好的方式。

節省時間和金錢的精實流程

精實思考者檢視這個消費流程，認為每一個轉折點都有改進的空間。

我們從搜尋流程開始。首先，為什麼必須搜尋。以鮑伯的例子而言，顯然他上一次修車是個失效的消費，賣給他小發財

車的車商表現不好，鮑伯不得不找其他修車廠。這個問題的答案留待第10章再討論。但我們必須了解，一個典型的消費失效案例，將衍生多少時間和金錢成本。

我們先來討論電話等候的問題。根本原因在於，修車廠接聽電話的員工都有固定的工作，但客戶打電話進來要求的事項卻都不一樣。服務台的員工忙著做特定工作，如接聽電話、接待顧客、移動顧客車輛等。他們不能隨著工作量的變動，彈性調派人手。較好的解決方式是，訓練員工擁有多項技能，必要時可以即時上陣——譬如在早上尖峰時間出面接待大排長龍的顧客。

一旦鮑伯決定好修車廠，打電話預約進廠時間，於是第二個問題發生了（同樣地，在電話上等待的問題又出現了）。如同我們上一章討論的支援中心作業，接聽電話的職員對修車廠了解最少，而且老闆會以他每小時接聽電話的數量，來考評他的績效。

由於接聽電話的員工對於汽車的了解，和鮑伯差不多，或等於零，因此電話對話的內容無法觸及實質問題：「儀表板上有一個燈亮了。車主手冊說，如果發生這種現象，應該馬上打電話給你們。」接電話的員工通常錯過了詢問下列關鍵問題的好機會：「儀表板上的駕駛里程是多少？警示燈是不是只有在特殊情況才閃燈？這情形發生多久了？以前曾經發生過嗎？引擎有沒有奇怪的聲音？」以及同樣重要的：「車子還有其他問題要一併處理嗎？」

這些問題接電話的員工都沒有問。即便問了，也沒有適當管道傳遞給修車技師，以便修車技師預做診斷，並查詢零件部門是否有修復需用的零件。因為，修車廠的服務台和修車部門並沒有聯繫管道。

還有第二個問題。服務台員工在早上時段特別忙碌，因為修車廠限定車主在早上七點至八點之間開車進廠，才能當日進行修復。由於上班的關係，這也是客戶唯一可行的選擇。但是目前職場的情況已經改變了，上班族的時間變得較有彈性。

服務台人員其實可以藉由電話對話，建立有關顧客、車況、修復工作等各項資料。然後將進廠車輛分為兩類：一種是簡單的修理，顧客在現場等候即可；一種是較耗費時間的修復工作，車主可以稍晚開車進廠，但仍可在當天取車。詢問顧客偏好且彈性的時間，以及多了解一些車況，即可避免發生大量汽車進廠的尖峰時段。或是對於在離峰時段進廠的顧客，給予價格優惠，使較在意價格的顧客多一項選擇。

在這個流程中，由於服務台人員沒有多花一點時間，探詢車況並疏減尖峰需求，以致造成連鎖性的時間浪費。修車廠和鮑伯都蒙受時間損失。

精實流程則是在排定進廠時間時，服務人員多花一點時間，把顧客從陌生人變成合夥人。然後，服務人員於晚間再次打電話給顧客，確認顧客將於約定時間準時到達，以及確定沒有發生其他問題。確認電話對於顧客準時開車進廠，具有神奇功效。

　　然後，鮑伯依約開車進廠。由於服務區並不擁擠——因為服務人員已分散了車輛進廠時間——而且由於服務人員已在電話中獲得相當充分的資訊，因此當面詢問的時間非常簡短。租用的代步車已在現場，隨時可以使用。如此，兩個步驟共二十五分鐘的等待時間，可以縮減成兩分鐘。

　　修車技師也是受惠者。他們的工作已事先進行分類編排。例如，某個工作台只維修某一型車；某個工作台配備所需零件和工具，負責特定里程數進廠維修的車輛（例如兩萬四千哩里程數、四萬八千哩）。維修工作的流程得以順暢進行。此外，資淺技師做簡單維修，資深師傅做複雜修理工作。

　　此外，工具、零件和所需資訊，由助理按照先前排定的工作表，適時供應至修車台，因此技師——最昂貴的腦科醫生——除了創造價值之外，無須做其他浪費時間的事務。運用這種作業流程，當天排定的待修車輛都能準時修好，取車的人不會擠在一起，也不會略過試車步驟。這種做法能節省每一個人的時間和金錢。因為重要步驟執行失敗的結果，是浪費顧客時間，並造成修車廠的營收損失最大的來源。

　　應答排定進廠時間的電話時，多花一點時間了解顧客和車況，然後平均排定進廠時間，對於取車步驟也有好處。因為顧客不會在某個時間擠成一團、忙亂取車，已修好的車可以停在鄰近的停車區，服務人員則帶著電子發票，在現場等候顧客取車，同時進行歸還租車和取車的步驟。於是，兩個步驟原本耗費十五分鐘等候，即可減少至毫不感覺痛苦的兩分鐘。修車廠

的成本也同步降低。

　　綜合上述討論，目前浪費時間的修車流程，經過精實調整，可以簡約成下列「精實修車流程圖」（圖表4-3）。

　　從汽車修理所需時間表中（圖表4-4），我們可以發現，顧客耗費的二百一十分鐘，減少至七十五分鐘。其中創造價值的時間由原本的28%，提升至71%。此外，顧客的精神壓力也大

圖表4-3　精實修車流程圖

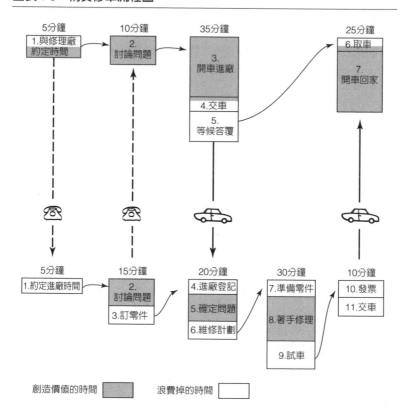

圖表4-4　汽車修理所需時間表

	精實之前	精實之後
消費者		
全部耗用時間	210分鐘	75分鐘
創造價值時間	58分鐘	53分鐘
創造價值時間百分比	28%	71%
供給者		
全部耗用時間	220分鐘	80分鐘
創造價值時間	35分鐘	35分鐘
創造價值時間百分比	16%	44%
修車技師		
全部耗用時間	85分鐘	45分鐘
創造價值時間	35分鐘	35分鐘
創造價值時間百分比	41%	78%

幅降低，因為無須排隊等待，無須匆忙填寫車況，無須數小時
後接獲調高修理價格的電話，而且相當肯定車子將準時修好。

實踐精實服務的個案研究

　　「不過，精實修車廠實際上不存在。」我們可以想像你會
這麼說：「這只是因為一項令人失望的消費流程，所提出的吸
引人但不切實際的幻想。」我們承認，即便是豐田汽車的經銷
商，理論上應該了解並執行我們所描述的精實流程，但其實卻
與日本以外的其他廠商一樣，對這個流程興趣缺缺[1]。幸好，
數年前，我們仔細調查發現，有一個汽車經銷集團，落實我們

描述的精實修車流程，並促使各經銷點的業主和經理人，重新思考服務業的基本意義。

1999年10月，葡萄牙第三大汽車經銷集團費南多‧西蒙集團（Grupo Fernando Simao, GFS）的第二代執行長皮多‧西蒙（Pedro Simao），參加國際汽車經銷商協會於波多（Oporto）舉辦的討論會。有一場演講是由國際汽車經銷商協會的研究員約翰‧基甫（John Kiff）[2]和戴夫‧布倫特（Dave Brunt）[3]共同主持，主題是有關如何將生產線上的精實觀念，轉化並落實為汽車服務業和修車業的基本觀念。他們以一家汽車板金廠執行快速修理為實例，顯示標準精實生產流程，如價值溪流、暢流、後拉等，如何引進汽車修理這個不同的領域。

或許因為不同於一般汽車經銷商的背景，皮多‧西蒙對於這個論點非常有興趣。他是機械工程師出身，對於製造業非常著迷。若非葡萄牙缺乏主要的製造業大廠，或許他已投身製造業。於是他承接家族的汽車經銷業，並質疑傳統汽車經銷業務為何一團混亂。

會議結束後，皮多前往英國，進一步了解約翰和戴夫的論點。他們在倫敦見面，約翰引導皮多了解精實汽車經銷商的作業流程，也就是他在國際汽車經銷商協會發表的論文──〈從狩獵到深耕〉（*From Hunting to Farming*）[4]的內容。約翰說，汽車經銷商目前的做法為「狩獵」顧客，競價做成單次交易。但為了擴增業務和利潤，經銷商必須與顧客發展持續性關係（深耕），即在汽車的有效使用期間，持續解決顧客的問題。約

翰指出，第一步應該由汽車維修服務做起，因為目前汽車經銷商所面臨的普遍現象是，車子只要一過保固期，客戶就會立刻流失。

2000 年初，皮多希望自家的汽車經銷業務能落實精實流程，於是打電話給戴夫・布倫特，請他提供一些建議，並看看自家十七個經銷點的板金廠。戴夫抵達波多後，根據標準精實作業流程，建議前往板金廠，從頭至尾實地走一趟。也就是說，從切割車體受損部位、矯正車體、焊接、準備噴漆、噴漆、矯正重新安裝回去未受損部分、磨光，整套流程。

巡視途中，戴夫隨手撿起散落在地上和車內的噴漆用膠帶——共十捲——表示板金流程確實失控。工廠內工具、零件、材料隨地散放，沒有標準的放置地點。戴夫回憶說：「那是個典型的板金廠，汽車（屍體）四處堆放，等候技師或零件。每個步驟都像一座孤島，沒有流程，也沒有注意到進度超前或落後的問題。同時，主管們匆忙地在廠內跑來跑去，查看修車進度，以回覆顧客電話或處理零件問題。」

戴夫教西蒙的團隊先畫兩張修車流程圖。一張是目前的修車流程，一張是實施精實原則後的修車流程。戴夫並建議：「觀察從頭至尾整個流程，而不是只改良單一步驟。試著讓每一輛車子的修理流程順暢進行。除非你已確實診斷出車子的問題，並備齊工具與零件，否則不要動手修車。將待修車輛分類——從簡單至複雜——並依不同方式進行修理。做一個流程控制總表，使每一個員工對每一輛待修車輛的狀況一目瞭然。將

每一個工作區的工作往前移至另一個工作區，俾使進度超前。」

戴夫強調，以新的標準評估「顧客滿意度」，即要求在第一次即修好車輛，並準時交車給顧客。如果無法達到這個標準，立即找出根本原因，並永久消除，以使供給溪流更縮短且流暢。

戴夫離開波多的時候，並沒有預期自己將回來。他說：「我在那裡遇見的每一個經銷商都是獵人，而且我懷疑皮多能否成為一個農夫。」

出乎戴夫和約翰的預料之外，約在一年後，皮多和他的改革團隊陸續向他們報告實質的進步情形。戴夫收到一封附加許多照片的電子郵件，說明十七個分銷點（不只是他們的板金廠）確實有了巨大改變。這表示他必須再次走訪波多。各經銷商的新作業狀況令他相當驚訝：「我發現驚人的5S步驟[5]，每項工具和零件都放在準確的位置。廠房裡有一個流程控制表，清楚顯示每一輛待修車輛的目前進度。零件裝載在桶子裡——內有修復每一輛汽車所需的每一個零件——由中央倉庫運送至每一個經銷商的板金廠。每一個工作區都移往先前一個工作區，並完成該步驟的工作。此外，除非下游工作區發出可以開始動手的訊號，上游工作不會貿然開始作業。實施的結果，維修的工作更迅速，顧客等候的時間也縮短了。」

西蒙將精實供給觀念推廣至經銷商的其他類型維修廠，如引擎維修廠、輪胎維修廠等。這些維修廠處理我們曾敘述的、

鮑伯的小發財車「檢查引擎」燈亮起的狀況。沒多久，西蒙即將精實供給流程落實於市值4億美元、員工人數九百人的企業的每一個維修廠。

現在，西蒙集團的每一個維修廠，必然先診斷車子的毛病，才動手維修。由於診斷作業先透過電話進行，修車廠可以先行訂購零件。不過，並非所有的問題都能經由電話準確診斷；而且大多數葡萄牙車主開車進維修廠之前，並不會先打電話通知。

為了解決這些問題，西蒙在每個維修廠前設置診斷台。車主開車進廠時，直接將車開至千斤頂升降檢查台。然後顧客和技師運用一張制式檢查表，共同檢查車子（其中有些檢查項目顧客根本不曾注意到）。然後顧客和技師一起討論，雙方同意進行維修的項目，以及價格和完工時間。這種作業流程可以免除稍後再打電話給顧客，告知車子的毛病，或告知令人大吃一驚的維修價格。

汽車進廠立即進行診斷的最大好處在於，如果車子能在一、兩個鐘頭內修復，顧客大都願意在現場等候。而許多進廠汽車都屬於這種狀況。這種作業方式能節省顧客的時間，因為顧客無須復返取車；同時也能節省修車廠的成本，因為無須多次移動車輛，也無須提供代步車給顧客使用。西蒙並引進「修理站」（Pit stop）概念，由數個技師一起診斷車輛，使顧客能迅速取回車子。

一旦確定維修內容，技師即寫一張訂單，預訂全部所需零

件。動手修理汽車之前，零件裝在一個木桶中，由定時往返於中央倉庫和各經銷點的交通車送達（一般簡單維修的零件則放在修車台，且在低於一定數量時顯示訊號，即時補足）。

西蒙更運用精實原則創立獲利豐厚的新事業，即整修二手車租給新顧客。運用在準備階段即緊密編排修車各步驟、作業標準化、桶裝零件、維持工作空間的穩定性等方法，整修汽車的成本降低50%，時間則減少70%。結果是，西蒙目前已擁有多家汽車租賃公司，不過這些租賃公司並不屬於費南多·西蒙集團。

雖然西蒙尚未完成他的精實改革工作，但平均每位顧客耗費的修車時間已縮減一半，而西蒙集團的維修成本則降低30%。西蒙集團維修的車輛，因維修不成功二度進廠的比率大幅降低，對於成本降低的貢獻最大；此外，修車顧客租用代步車的數量降低75%；修車技師創造價值的時間則增加一倍。其他降低成本的因素包括建立中央零件倉庫，革除以往零件散落各工廠的情況，減少西蒙集團的零件庫存量，改以少量但頻繁向零件商進貨（我們將在下一章討論這個簡單原則的威力）。

此外，第一次進廠即成功修復以及準時修復交車的比率，由原本的60%（修車業者平均百分比），提升至高於80%。西蒙認為進步的空間還很大，但目前的進展已讓西蒙集團躍居各品牌汽車維修服務的冠軍，而集團本身銷售出去的汽車回娘家維修的比率也大幅提升。西蒙集團藉由節省眾人的時間，創造了顧客、員工、企業主三贏的精實成功實例。

節省每個人的時間

　　我們剛才看到的汽車維修服務實例，可以適用於每一個必須排定時間流程，以及了解顧客的消費行為。在供給的過程中，必須注意下列四項原則：

　　首先，一開始即與顧客共同全盤了解問題，包括顧客不知道的事。務必記得，顧客無法要求自己不知道的商品或服務，而傾向於接受供給者方便實施的次等解決方式，但是將浪費彼此的時間。

　　供給者與消費者一起了解問題，必須由經過相當訓練的員工執行，並能問深入的問題；而不是由不具專業知識的員工負責——他們無法問正確的問題，也無法傳遞有意義的訊息給顧客。廠商並應該設立一個知識庫，並且有適當管道將這些知識傳遞給員工。

　　第二，可能的話，花一些時間預診問題，以準備所需的工具、零件、知識和預估解決問題所需的時間。這種做法可以使所需的各項事物，於解決問題前齊備，以避免往返奔波。預診的流程是否必要？如果你回想一下，是否有技師來你家修理電腦、冷氣、排水管，結果幾分鐘之後，卻說必須回去取工具再來？

　　幸好，由於科技進步，大多數我們使用的個人商品，很快地都將有診斷系統，能迅速告知供給者毛病出在哪裡。此外，迷你醫療診斷裝置數量逐漸增加，表示病患更能告知醫生，關

於自身健康的相關訊息。

這些固然都是好消息，但進步不會比想像中快速，因為商品供給者之間的介面並沒有標準化，而且這些介面相當薄弱。在商品中新增診斷裝置會增加生產成本，遠距接收診斷結果也會增加服務業添購新設備的花費。除非各供給者能共同合作，運用有效資訊以解決顧客問題的方法，並同時降低成本、增加利潤；否則，任一供給者單方努力的結果將不會有最佳效果。

第三，盡可能分散需求。如果顧客在同一個時間上門，我們必須問「為什麼？」通常這不是消費者意願的問題，而是供給者運作的問題。譬如，我們曾訪問一家世界著名的醫療院所，這家醫院在早上七點鐘，將所有的血液和檢體樣本送進檢驗室，以便在日間完成所有的檢驗（這間醫院的院長顯然是大量生產的信仰者，認為大量進行檢驗分析可以降低分析成本——例如，大型離心分離機可以一次進行數百個血液樣本分析）。這表示，這間醫院必須有一個極寬敞的大廳，以容納千百人排隊等候清晨抽血採檢體。然而，之後大廳即整天空盪盪無人使用。

同樣地，汽車車主往往在使用執照到期的最後一天，前往監理所大排長龍接受檢驗和換照。為什麼監理所不按照號碼，平均配置使用執照到期日於三百六十五天？或許有人說，如果天天都是聖誕節，玩具店就不會人擠人。可見這個觀念的運用仍有若干限制。

再進一步，如果消費者和供給者能建立穩固關係，供給者

就能與消費者事先協議彼此方便的時間，即能達成分散需求的效果。汽車定期保養與駕駛里程數密切相關，而不是臨時故障需進廠維修，即是一個可以分散進廠時間的明顯例子。維修廠如果與消費者保持相當聯繫，即可估算里程數，並向顧客建議進廠保養時間。同樣地，醫院也可以事先安排做例行性健康檢查的時間，以避開流行性感冒尖峰期間。這種做法還有另一個優點，即健康受檢者得以避免到醫院檢驗時被傳染流行性感冒。

第四項也是最後一項原則，即是節省員工服務消費者的時間。這些員工在工作時也是消費者，消費公司其他部門的資源。節省員工時間，必須建立公司內部順暢的作業流程，進行工作分類，也就是精實思考者所謂的「商品家族」。例如，簡單而且流程確定的工作放在一條工作線上；複雜且流程不確定的工作在另一條工作線上；複雜但流程確定的工作又在另一條工作線上。

進行分類之外，尚須建立標準工作流程，將所需的工具、零件、知識全部備齊。這個方法乍看之下似乎只適用於工廠，事實上也能適用其他工作環境。只要員工有機會嘗試，即能看出它的效能。

於是，維修工作的流程愈順暢，便愈能在約定時間內完成修復，使顧客得以如預期再度使用他的電腦、汽車、房屋，並減少維修失敗開啟第二循環的風險。

打擊浪費——開放式看診的勝利

　　眾多消費者認為，最痛苦的莫過於浪費時間的消費經驗，即是至基層診所看病。痛苦來自三方面：首先是打電話給醫生時要等候，然後是等醫生回電以便敘述病情；第二是必須等候數天或數星期才能排到看診（病患還有一項選擇，即是送急診，由不熟悉的醫生看診）；第三則是在醫院等候醫生看診。

　　1994年，在美國西岸最大醫療體系凱薩‧帕曼內特（Kaiser Permanente）醫院執業的家醫科醫生馬克‧麥瑞（Dr.Mark Murray）提出了一項突破性的見解：這些等候完全沒有必要[6]。

　　麥瑞獲派一項新職務，在不增加人員和設備的情況下，重新思考醫院的作業，以改善病患服務。麥瑞仔細分析，病患打電話進來必須等候醫院回覆電話排診，完全是因為基層員工缺乏專業知識。接聽電話人員應該對病患進行分類——區分哪些病患情況緊迫，哪些病患可以等待——他們無法做到這一點，部分原因是無法即時聯絡忙碌的護士或醫生，以獲得指示。（運用複雜的電腦排診，似乎只會使情況更加惡化）。如果病患能在第一次打電話進來時，即直接與醫生對話，或排定看診時間，就可避免不耐的等候。

　　根據麥瑞自己的經驗，病患要排到自己的醫生看診，通常必須等候兩個月。麥瑞推論，如果等候期間不變，那就不是負荷量太重的問題。「醫生的工作量並沒有減少，」他說：「只

是把工作延後兩個月做。」

　　最後他發現，病患在醫院長時間等候看診，是因為醫療保險機構只願意以每個病患十五分鐘的診治時間為基礎，支付保險金。醫院便按照這個要求進行排診，但有些病患診治十五分鐘是不夠的，於是只好陸續拖延。此外，醫生白天緊湊看診，晚上還得加班寫病歷。

　　根據這些分析，麥瑞提出驚人的簡單解決方案。他稱之為「開放式看診」（Open Access）。麥瑞建議：任何有醫療需求的病患，不必等候醫院回覆電話排診，即可以直接前往醫院受診，並在醫生有空檔的時間接受診治。病患只須先打一通簡短電話，就完成全部手續。麥瑞在分析病患的需求類型之後，認為只要醫生肯暫時加班「清理」目前積壓的待診病患，必能看完當天掛號的全部病患。他說：「病患排隊只不過是醫生和醫院的保護傘，此外沒有任何意義。因為醫院最昂貴的資產即是醫生，病患排隊表示這項資產已充分利用，而且沒有一個醫生無事可做。」

　　麥瑞並要求排診時增加每個看診病患的間隔時間，以便醫生有充裕時間寫病歷，不必留待晚間再加班寫報告。就經濟的觀點而言，醫生白天看診的時間雖然加長了，但看完最後一個病人就可以立即回家，而且通常到了那個時候，醫生可能已不記得病患的病況。

　　麥瑞醫生認為，新制度實施後，每個病人都可以準時獲得醫生看診，不必再忍受以往的醫療體系造成的第三項痛苦：在

現場等候。這一點是病患最感興趣的。因為醫院進行排診時，已排定比平均數更長的看診時間。於是遇到看診時間較短的病患，醫生即能運用空檔寫病歷或接聽病患電話。這種排診法還有一項好處，即醫生下班後能立刻回家。

麥瑞提出新制度時，眾人都抱持懷疑態度。於是麥瑞選擇另一家位於加州羅斯維爾（Roseville）、只有六位醫生的小型診所試行。這六位醫生懷疑院方企圖延長他們的工作時間，而且不增加薪水。為此，院方先和醫生們達成協議，絕不增加病患人數。

醫生們將積壓的病患看完之後，逐漸喜歡麥瑞的新制度──而且病人也喜歡。麥瑞說：「醫生們做到今日事今日畢，而且發現工作量減少了。」醫生們發現工作輕鬆多了，他們不再像以前一樣，頻頻向等候過久的病患說抱歉；而且每天可以準時下班回家，不必加班寫病歷。

以醫生濟世救人的本職而言，新制度的癒病效果也更佳。實施新制度之後，每一個病人都可以獲得熟悉自己病史的醫生看診，不必為了不耐久等而跑去掛急診，由不熟悉的醫生診治。醫病之間的誤會降低，病患也更願意遵照醫生的指示。於是，糖尿病患者的血醣值降低了；心臟病高危險群患者的膽固醇也降低了；中風高危險群的血壓也降低了。顯然地，開放式看診能提供較好的醫療照顧，長期而言更能降低醫院的成本。

由於醫學界的傳統保守作風和醫生的守舊本質[7]，麥瑞花了三年時間，終於將開放式看診推廣至整個凱薩醫療體系，最

後推廣至全美國。我們在1999年初次遇見麥瑞時，他還不能確定開放式看診是否為一項曲高和寡的試驗。幸好，採用這項制度的醫療診所數目呈現先緩後陡的S型曲線。目前全美國已有50%的基層醫療院所進行開放式看診實驗，並有25%的診所已全面採行這項制度[8]。

你真的需要看醫生嗎？

節省病患時間的最後一大步，或許是完全不必去看醫生。執業於奧勒岡州波特蘭（Portland）一家基層診所的查理斯‧基羅醫生（Dr. Charles Kilo）曾仔細思考未來基層診所的運作模式。他指出，對於確實需要看醫生的病患而言，開放式看診確實是一項美好的設計，但他質疑究竟有多少病患真的必須看醫生。他發現，傳統醫療制度和保險給付政策，共同造就目前90%至95%的醫院看診病患（現行保險給付制度，只有經過醫生看診的病患，保險公司才會給付）。

他更注意到病患照護佔醫療事務的比率逐漸攀升。這也由基層診所的慢性病患，如高血壓、糖尿病、高膽固醇病患比率逐漸增加反應得知，戰後嬰兒潮銀髮化將加速這個現象產生。最後，他發現個人醫護器材大量應市而且價格便宜：如血壓計、血糖測試劑、血液分析器等。

於是他設立了一家「果嶺健康中心」（Greenfield Health），減少病患前往醫院看診的必要，卻能更貼切病患照護。果嶺健

康中心也採用開放式看診制度,當天打電話掛號的病人都能在當天獲得診治。此外,他為每個病患的病史建立電子檔,在病患家中設置簡易醫療器材,並透過電話和電子郵件進行問診。結果,果嶺健康中心每年到院看診的病患減少一半,而病患對基層診所的滿意度則上升,並認為慢性病的各項指標都有進步。這個成果一方面是因為科技進步,更重要的是,醫生熟知病患的病史,因此能透過電話和電子郵件了解病患的狀況,給予醫療指示和照護,避免病患前往醫院看診的往返奔波。

保險公司是否願意給付這項新措施仍有待觀察。但研究顯示,基層診所實施這項精實措施,醫療成本可以降低20%至30%(不包括消費者節省的時間),而且醫護成效更好。很明顯地,這是一項節省病患、醫院員工時間,並且能為每個人省錢的好方法。

一根螺絲釘

我們已經舉出幾個實例,說明如何運用精實方式,以節省顧客未領工錢的時間,以及供給者浪費金錢的時間,並使員工和顧客都能更愉快。但請注意,供給者只有在備齊所需工具和零件的情況下,才能節省顧客和員工的時間。例如在修車廠的例子裡,如果沒有零件,車子就沒有辦法當天修好。類似問題在各種消費行為中相當普遍(例如醫療)。我們將在下一章解決這個問題,讓顧客能一次就獲得想要的結果。

第 **5** 章

滿足我眞正的需求

　　我們假設供給者已知道，如何處理第3章所討論的消費失效問題，以及如何節省第4章討論的浪費時間問題。但如果消費者需求某特定商品，而這項商品又無法適時供應給消費者，該怎麼處理呢？眾多消費者在日常生活中經常遭遇這種困擾，我們以買鞋子為例，進行說明。

　　每個人的腳的長度和寬度都不一樣，加上各人對於鞋子的偏好又有所不同。因此，消費者到鞋店買鞋，店員為他量度腳的尺寸後，隨即消失進入店後神祕的倉庫，在大批庫存中尋找顧客挑中的鞋款，而且必須適合顧客的尺寸。很不幸地，倉庫中經常找不到這雙鞋子。

　　許多消費者質疑，為什麼鞋店不做較準確的預測，並囤積更多庫存。事實上，這個想法正是數十年來鞋店持續努力的方向，以提升「服務水準」，即是在最短時間，將顧客需求的鞋子交到顧客手上。但我們仔細檢查供給溪流運作的情形，以及

顧客需求的不可預期性，即能看出達成這項目標非常困難。

鞋業的供給邏輯

　　幾乎每個國家鞋業市場的焦點都是流行趨勢。讓消費者穿得舒服，走得舒服，這些基本問題幾乎都解決了；目前最重要的是款式問題。因此，雖然鞋業每年有四個銷售季，但目前在市面上販售的鞋子，一半以上都只有一季的熱銷期間（大約三個月）。

　　即便科技已相當進步，製鞋業仍屬於勞力密集產業，而製鞋工資在世界各國差異相當大。除此之外，鞋子的國際貿易幾乎已沒有關稅和配額的問題，許多運動鞋商如耐吉（Nike）、銳步（Reebok）、愛迪達（Addidas），都將生產線移至工資低廉的東亞地區。事實上，目前在北美和歐洲地區銷售的運動鞋，90%在中國、越南、印尼和泰國生產。

　　讓我們來看看，鞋子在境外生產對鞋業零售商有什麼樣的影響。整個流程起始於製鞋公司的業務員，帶著新款樣品鞋來到零售業（鞋業有一個很奇怪的習慣，樣品鞋一律是九號，而且樣品鞋的需要量相當大。耐吉每年製作的樣品鞋總量超過其他四大運動鞋商的樣品鞋總量）。這些樣品不是下一季，而是下下季才上市的鞋子。因為從下訂單到貨品送達，期間超過一百五十天。零售商當然知道這一季的熱賣鞋是哪些款式，但對於下一季將流行什麼款式卻所知有限。也就是說，零售商在訂

購下下季的鞋子時，全憑臆測，因為鞋商業務員帶來的樣品，有一半是新款式，而業務員本身對於消費者的接受度也一無所知。

於是，零售商根據自己的判斷下訂單，而且一次購足，因為產製和運送的時間相當長。即便季節一開始，某款新鞋熱賣，也沒有時間追加訂單；某款新鞋滯銷，也無法對即將抵達的貨品喊停。

基於這些原因，零售商常發生某些鞋款銷售一空，而某些鞋款卻存貨一籮筐的情形。因此，處理滯銷貨的方法相當重要。目前鞋公司和零售商都以打折方式消化庫存，有時在自家品牌的鞋店打折，有時則賣到廉價商場。

由於在訂購和銷售過程使用預測系統，這些方法的管理相當良好。零售商、鞋公司、製造商都能在第一時間獲得即時銷售系統上的資料，以掌握銷售情形。季末進行統計，鞋店發現他們當季銷售時，找到顧客想購買的款式和尺碼的機率，只有80%（表示鞋店喪失相當多的生意機會）；此外，40%以上的鞋子，以打折方式或透過折扣商店賣出（表示損失相當多營收並增加費用）。這是一個典型的實例：持有太多錯誤的商品項目，並持有太少正確的商品項目；使顧客[1]、零售商和鞋公司承受惡果。

為了清楚顯示這個狀況，我們畫了一張「鞋類銷售現況圖」（圖表5-1），以說明目前的鞋類供給溪流。

圖中的輪船和卡車表示鞋子移動的方向；箭頭則表示資訊

圖表5-1　鞋類銷售現況圖

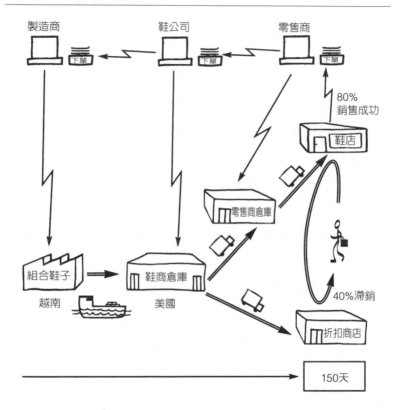

傳遞（訂單）的方向，以規範整個流程運作（這就是豐田汽車所謂的「資訊、物資流動圖」。精實思考者則稱之為「價值溪流圖」[2]）。請注意，任何時刻都有大批鞋子在製鞋工廠、輪船、鞋商倉庫、零售商倉庫，以及鞋店倉庫裡。此外，還有以訂單形式表徵的資訊存貨等候處理。這些資訊存貨存在於鞋廠、鞋商和零售商，整個流程的運作時程相當長。

你找到需要的所有商品嗎？

我們先以鞋業為例，理由是鞋子是一個較獨立的商品項目。或許有些消費者買運動鞋時，順便買一頂帽子或幾件運動夾克，但通常與顧客進鞋店買鞋子的關聯性不大。同樣地，我們到成衣店或書店或DVD店消費，也都是針對單類商品。消費者或許逛一趟網路商店，或逛一次街，即採購多類商品；但這些商品的功能並沒有關聯。

相對地，有些商品的消費則呈現不同的情形。例如，我們通常一次即購足維修房屋所需的物品；或是到醫院一次，即獲得治癒疾病所需的每一項藥物。對於這類消費行為，消費者評鑑供給者的標準為：能否將解決問題的所需商品，全部裝進購物籃裡〔我們稱為「　籃子充實感」（basket fulfillment）〕。我們來逛一趟超市，看看這個原則如何運作。

在北美和西歐地區，一個家庭去一趟大型超市平均約購買四十項商品。而且，超市將各項商品準確放在貨架上的比率為92%[3]。這種服務水平似乎尚可接受，直到我們做一些簡單的計算。消費者必須一次購足四十項商品，超市之旅才算成功。由於在貨架上尋獲商品的機率只有92%，因此購足四十項商品的比率只有4%（0.92的40次方）。也就是說，去超市購物二十五次，有二十四次會遇到挫折。

前往大型超市購物的好處之一，即是能找到所需商品的替代品（事實上，在我們每週心不甘情不願地前往大型超市購物

時，想出一個選購替代品的妙招，即是打手機給老婆，以獲得要購買哪種替代品的指示）。超市貨架上有多種類似商品的原因之一，即是幫助顧客取得替代品。

超市的調查顯示，店內即使有許多替代商品，顧客最大的不滿意，甚至導致改去其他商店的因素仍然是——他們想購買的商品缺貨。最近數年，由於網路購物、送貨到府的興盛，更使超市對於商品缺貨的情形大為緊張。超市職員則根據顧客採購的情形，向管理階層反映商品缺貨的狀況，以買進更多替代品。超市業者本身以往並不了解實際的情形，現在則變得非常注意服務水準的問題。

幸好，商品缺貨的問題有解決方法，我們將稍後討論。為了完整呈現這個問題，我們必須說明：每項消費行為，商品缺貨的情形都相當嚴重，包括服務業。

鮑伯無法在當天取回他的車子，原因是修車廠沒有所需零件，而且無法即時補充。你曾經遭遇多少次下述狀況：排水管或電器或電腦出問題，修理技師來了以後，說他沒有帶所需零件，要立刻回去拿來，結果卻在數天後才再度出現。遇到這些狀況，使用替代品幾乎不可能，商品缺貨使得服務水平降至零。簡單地說，顧客無法獲得所需商品，是相當普遍的現象。

不僅最終消費者遭遇這個問題，供給溪流裡各消費階層都面臨同樣問題。服務業，包括零售商、維修業、批發業、製造業及其原物料供應商，都向供給溪流裡上一層供應商進行採購。如果他們不能自上一層供應商取得所需商品，就無法解決

顧客的問題。

傳統零售業滿足顧客需求的方法

　　一般認為，提升服務水準即是提升銷售系統中每一層的庫存量。第一步即是增加零售店的庫存量〔許多商家的倉庫，如家得寶（Home Depot）和好市多（Costco）的貨架成垂直式，存貨擺在顧客搆不到的高處〕。存貨同樣也出現在零售商的倉庫、批發商的倉庫（尤其是體積小的商品）、製造商的成品倉庫，以及眾多零件供應商和原料供應商的倉庫裡[4]。零售商及銷售系統的每一個階層，都以預測未來需求量的方式，即時再訂貨，以避免商品缺貨的狀況發生。由於認為每次訂貨量高，可以降低運費和作業成本，所以他們還是傾向量大次數少的訂貨方式。

　　由於資訊科技的發達，供給者開始使用商品條碼掃描系統，協助上述提升銷售水準的方法。結果是，每一個與供給溪流有關的人，都可以即時知道商品銷售狀況，以及存貨儲存在何處。但這項現代科技還是無法提升服務水準，因為系統的自動功能在長期使用下，演變成太重視某些商品，而忽略某些商品。

　　為了解箇中原因，我們必須畫一張目前的超市購物供給溪流圖，並逆向追溯每一個購買環節，包括製造商和原料商。首先，超市先概略估計每項商品的銷售數量（從即時銷售系統獲

得數據），然後每週追加訂單一次，並事先準備可能暴增的商品數量（例如，暑假的第一個週末，汽水果汁等飲料的銷售數量必然暴增）。

目前為止，一切順利。

但是問題來了。超市並不是從工廠直接進貨，而是由公司的地區倉庫取貨。超市公司的地區倉庫也不從製造工廠直接進貨，而是從工廠的地區倉庫取貨。也就是說，已製成的商品至少有四個儲存點：超市、超市公司的地區倉庫、工廠的地區倉庫、工廠的倉庫。

所以，誰負責下單訂貨？超市的店經理嗎（他根據即時銷售系統的數據，再加上對於未來需求量的估計）？超市公司地區經理嗎（他統計區內各店的銷售數量）？或是超市總公司的採購人員（他累計各店各區的訂單數量）？

訂單送到何處去呢？製造商的地區倉庫？生產工廠？還是製造商總公司，負責規劃生產和裝運時程的部門？

促銷活動又是怎麼回事？或許是超市總公司的採購員，得知某廠商因生產過剩，願意低價出清大量庫存？或是某廠商希望達成「年度數字」，給予顧客某些誘因，以鼓勵顧客提前購買？誰來決定促銷活動？超量進貨的商品要擺在哪裡？誰來負責追蹤，適時追加訂單？

這中間確實存在許多問題。我們在圖表5-2的供給溪流圖中，呈現這些問題。下訂單的點和接收訂單的點有多個，而且互相衝突。下單的次數太少，而且很不規則。送貨的次數太

圖表5-2　供給流程擴增需求

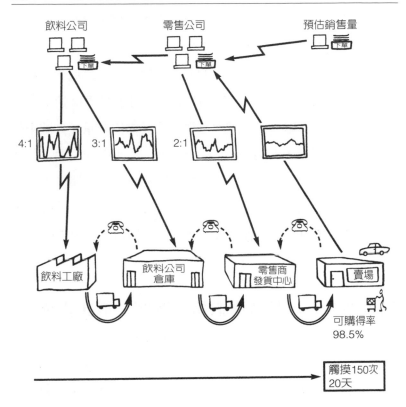

少，而且難以預測。下單和送貨都是根據物流的需求，而不是根據顧客的需求。訂貨流程常夾雜許多促銷活動和干擾因素。這些現象說明了顧客的真正需求被忽視了。而且，距離顧客愈遠的環節，供需狀況愈混亂。

在這張供給溪流圖中，我們看見每個儲存貨品地點的數量都被擴增了。圖中商品需求量以顧客的需求為中心點，引發波

浪式反應，從零售商至供應商，每個步驟的訂單數量都被擴增。事實上，零售店裡顧客的需求量相當平穩，沒有劇烈的起伏。所以，這到底是怎麼一回事？

我們仔細看供給溪流圖中的訂單管理系統，每個步驟都必須下一次訂單，而且各經理人往往不使用正式的自動下單功能，改以電話聯繫，以便處理已得知的異常需求量（如圖中的電話和虛線所示）。結果是，套用資訊人常使用的術語，信號（正確資訊）太少，雜訊（錯誤數據）太多，供給溪流中處處存貨過多（預防萬一庫存），以致降低對於最終顧客的服務水準。這個令人訝異的過程，每天在世界每個角落重複進行[5]。

精實供給者以較低廉價格供應客戶眞正需求

精實思考者解決這個問題的方法為，對於傳統邏輯進行逆向思考。即是在供給流程中只有一個安排進貨的點，然後增加每個點的補貨頻率，而且每次補貨的數量正好是已售出的數量（除非遇到特殊狀況，確知將有銷售量暴增的情形），而且——如果可能的話——壓縮供給溪流，使生產和分銷更接近賣場。

為了達到上述目的，精實思考者運用反射模式取代認知模式，以顧客拉力取代供給上游的推力。想想看，當你的手觸及熱燙的火爐時，將發生什麼狀況？大腦接收手指頭傳來的訊息，開始運作：「這是一個火爐，正在燒火。我的手指在火爐上，開始冒煙，將會很痛。或許我應該把手縮回來？」或是你

運用反射模式，因為痛直接把手縮回來，不需要經由中樞神經下達命令。

顯然我們採行的是後者，而且非常成功。資訊科技業者花了將近一個世紀——始於1920年代使用打卡機控制作業流程——試著設計自動化的中央處理系統，集中處理各點蒐集的資訊。這也就是目前超市業者的供給流程運作方式。這套系統的目的在於，運用環環相扣的回應圈，取得精確的現況知識，以及運用電腦參數，使電腦中樞得以指揮每個點的每個動作。

我們的精實典範豐田汽車公司，不僅能生產品質一流的產品，也擁有世界一流的作業模式，並擁有雜訊最少的訊息回應圈。但結果仍是我們早已知道的：中央控管系統不能達成原先設計者想望的目標。原因是小量雜訊漸次累積，逐漸降低系統的效能。於是，傳送至供給溪流各個點的指令，逐漸與實際需求不符，使得各個點的經理人逐漸放棄電腦運作，改用人工操作。這些現象，導致整個系統的功能快速降至最低水準。

解決這個問題方法之一，是運用更進步的科技方法蒐集訊息——其中之一為無線射頻識別系統（RFID）。較好的方式則是簡化決策流程，減少決策需用的資訊。理論上，資訊只需要傳遞至上一層供給者；而上一層供給者供應的數量，恰好是下一層銷售的數量。

這種做法的關鍵點在於，下游增加向上一層供給者下單的頻率，上游增加向下一層供貨的頻率[6]。這需要引進精實物流，使業者得以頻繁補貨（並頻繁提供鄰近供給者的資訊），

以及壓縮供給溪流的時間和空間[7]。

為什麼沒有更多的供給者採用精實供給制度？主要原因在於，供給溪流圖中的每個層級，都只重視商品的取得成本（某商品於世界任何一處取得的成本）和「煙囪成本」（chimney cost，特定部門購得一批產品的成本），而忽略了取得商品的總成本。譬如，鞋公司的採購部門比較世界各地的價格後，決定向越南某家鞋廠採購。物流部門比較每雙鞋子自產地至賣場的運送費用後，決定採用海運少次、量大的方式運送。銷售部門則根據業界的第一原則——剩餘商品價值不超過銷售總額的10%——計算出「銷售成本」。然而，鞋公司通常無法計算得知，商品缺貨導致的營業損失和顧客忠誠度的下降幅度。

然而，如果供給者願意在每項商品上多花一點錢，換得在庫存量、缺貨狀況、滯銷數量、顧客流失上，就能省下更多錢，以降低每項商品在整個供給溪流中耗費的成本，並增加營收和市場佔有率。

精實供給者實施快速補貨

我們並非空談利潤。事實上，我們已密切觀察某家公司數年，並以他們的成功事例佐證。我們在前一本著作《精實革命》中曾以特易購（Tesco）英國某賣場貨架上一罐小小的可樂為例，敘述它在全世界旅行的歷程[8]。整個旅程共耗費三百一十九天。

　　一罐可樂從工廠裝填到擺上賣場貨架，需時二十天。這趟旅程包括儲放於五個地方，經過六個訂單決策點，並將需求量擴大至四比一（也就是說，裝填工廠的需求變動量是賣場實際需求變動量的四倍）。當時，顧客在超市購得可樂的比率為98.5%。如果顧客前往超市想一次購買四十項商品，每項商品在貨架上的比率都是98.5%，則顧客一次購足一籃子商品的機率為55%（這項數字已超越當時零售業的平均水準）。

　　1996年，特易購著手運用加強服務水準、同時降低成本的方式，以提升其在零售業中的地位。當時特易購的供貨總裁葛拉翰・布思（Graham Booth）前往卡迪夫商學院（Cardiff Business School）拜訪丹尼爾・瓊斯（Daniel Jones）和他的研究團隊，徵詢如何讓特易購仿效豐田汽車的物流作業，節省時間和勞力。丹尼爾和平常一樣，建議他親自走一趟供給溪流，觀察運作狀況。這次檢驗的是可樂的供給流程。瓊斯並請布斯邀請特易購各部門主管（包括零售部、採購部、配銷部、財務部等），以及負責配銷可樂的Britvic公司的作業部和供銷部主管，一起進行察訪。

　　1997年元月某個寒冷的日子，這群人沿著可樂的供給溪流逆向回溯，從超市的結帳櫃檯起步，經過特易購的地區配銷中心、Britvic的地區配銷中心、Britvic裝瓶工廠的倉庫、專門生產特易購可樂的生產線，以及供應Britvic瓶罐的工廠的倉庫。一路上，瓊斯和他在卡迪夫的團隊則持續問下述簡單的問題：「為什麼貨架上沒有可樂？為什麼銷售人員必須把剛從特易購

配銷中心卡車卸下來的商品，進行分類？為什麼超市倉庫、地
區配銷中心、Britvic地區配銷中心，都有這麼多存貨？為什麼
位於裝瓶工廠附近的大倉庫，儲存這麼多空瓶？」

　　兩家公司的主管都認為，這趟實地察訪令他們大開眼界。
特易購和Britvic兩家公司的主管，邊走邊分析共同繪製的供給
流程圖。他們在每個步驟都見到大量浪費的情形，也見到節省
成本並提升最終顧客滿意度的機會。他們並體悟，唯有兩家公
司共同合作，以及各公司內各個部門相互合作，才能節省成本
並提高服務水準。

努力供給顧客需求

　　布斯看過整個流程後認為，特易購自供給者取得貨品至上
架的作業方式，必須改變。第一步即是將各賣場的即時銷售系
統，連結至地區配銷中心的出貨決策處。這種做法，使得超市
結帳櫃檯前的顧客，成為供給溪流的「前導者」
（pacemaker），規範整列隊伍的步伐快慢，並免除混亂的裝運
時程編排方式。

　　之後，特易購又增加送貨至賣場的頻率。經過數年實驗，
現在特易購的運送卡車，每幾個小時就從地區配銷中心出發，
適度補充賣場前幾個小時銷售出去的可樂數量。新措施縮短了
以前每天或數天的送貨頻率，使供給系統能實際且即時反應顧
客的實際需求。

　　地區配銷中心的改變則為，可樂裝瓶工廠把可樂裝在台車上，直接運送至地區配銷中心。台車可以進出送貨卡車，直抵超市。超市職員把台車推到販賣場所，以台車取代貨架，顧客直接由台車上取可樂。台車減少了員工「觸摸」可樂的次數，包括配銷中心的員工將可樂由裝貨木架移至防滾架，以運送至超市；超市職員再用推車把可樂送至貨架旁，然後把可樂上架排列（特易購在繪製原本的供給溪流圖時，即發現供給流程一半的勞力成本，都用在排貨上架）。

　　此外，台車可以直接由配銷中心的進貨月台，推送至出貨月台。之前，可樂裝在裝運木架，以堆高機送至倉庫疊放儲存；出貨時堆高機再把裝貨木架送出來，由員工打開木架，分別裝進各送貨卡車（台車免去了進倉、出倉、打開裝運木架、分裝等過程，節省大量人力）。

　　對於可樂這類熱賣商品，現在特易購的地區配銷中心比較像轉車月台，而不是倉庫。商品從送進配銷中心到運出配銷中心，只停留幾個小時。為了預防偶發性的需求暴增，配銷中心貯存若干備援可樂台車。不過由於補貨次數頻繁，備援數量相當小。

　　同時，可樂供給商也做了相當大的改革。Britvic在裝瓶線上進行若干改善，使作業更有彈性，能準時且準確供應顧客的少量需求。也就是說，Britvic的裝瓶工廠目前已無待裝運的成品，而且可樂無須經由Britvic的地區倉庫轉運（地區倉庫原本的用途，在於備援下游暴增的需求量，以及上游生產不順）。

可樂在裝瓶線末端，直接裝上台車，推進特易購的卡車，於特易購的地區配銷中心轉運，然後直接推到賣場的售貨區。這個過程，減少了許多儲存和裝運的步驟。

運送作業的最後一個步驟，即是特易購的卡車，每天載運台車往返地區配銷中心和各賣場數次。卡車並自賣場收集空台車，送回數個工廠，同時裝載裝滿可樂的台車回到特易購地區配銷中心，開啟另一個循環。乍看之下，這個方法似乎將增加卡車的里程數和運送成本，至少特易購和Britvic許多較傳統的經理這樣認為。付諸實施之後，卻發現卡車的行駛里程數減少了，運送成本降低了，整個供給系統的商品庫存量也減少了[9]。

整個作業過程相當平順，因為日常訂單只有一個啟動點，即是顧客從台車取得可樂，在結帳櫃檯處由電腦掃描條碼後，即時銷售系統就會發出訂單。由這個點逆溯供給溪流，每個點只需補足下一層銷售的數量：如果顧客四個小時買走四台車罐裝蘇打水，地區配銷中心只須補足四台車罐裝蘇打水。四台車罐裝蘇打水在配銷中心推進卡車時，也接受掃描，訊息直接傳送至工廠，以準備四台車蘇打水運往配銷中心。卡車由賣場取得空台車送回工廠，同時裝運四台車蘇打水至配銷中心。

這個制度十全十美嗎？其實不然。豐田汽車很久以前就發現，沒有任何一項制度可以長期十全十美，因為必然會發生問題。例如，採購一方期望有特別優惠，供給一方也喜歡給予特別優惠；雖然優惠活動常造成供給和需求暴增，攪亂運送系統[10]。但大致而言，新運送系統運作良好，而且優於舊系統。

　　以簡單精實方式，取代複雜的中央管理、多點存貨的傳統
方式，特易購得以創造簡化的供給溪流，供應新鮮可樂，如圖
表5-3所示。

　　就效率而言，成果相當驚人。商品被觸摸的次數（每一次

圖表5-3　運送新鮮可樂

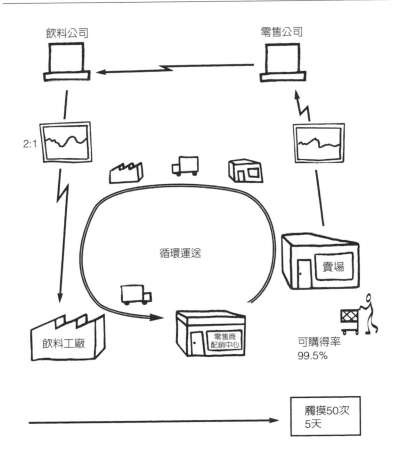

觸摸，都代表人力支出），由一百五十次降低至五十次。可樂
由生產線運送到顧客伸手可得的販賣點，由二十天減為五天。
儲存商品的地點，由五處減少至兩處（配銷中心的少量備援商
品，以及賣場裡裝可樂的台車），另外，供應商的配銷中心已
無存在的必要。需求擴增的比率由四比一降低至二比一。可樂
的可購得率由98.5%（已是超市業的超高水準）提升至
99.5%。

特易購已將這套制度運用於一半以上的快速消費性產品，
以及季節性商品，如聖誕節、復活節、夏季熱銷商品等。由於
多項商品陸續採用這套供銷制度，大賣場的「一籃子充實感」
由傳統超市的4%提升至82%。也就是說，去特易購超市購物
五次，只有一次不能全部購得所需商品。相對地，前往其他超
市業者購物，二十五次中有二十四次不能令人滿意。而且，特
易購、供應商和顧客（包括顧客的時間成本和往返超市的勞力）
的總成本實質上都大為降低。這是一個三贏的策略。

新制度使得已銷售的商品能迅速並頻繁地被補足，而且成
本較舊制度低。運用精實方法，每一項商品──包括顧客──
都是可消化的，而且能實質降低總成本[11]。

回顧特易購實施精實方案的歷程，一切看來似乎是水到渠
成、順理成章。然而，多數公司要跨出這一大步，都需要強勢
領導。以特易購的例子而言，葛拉翰‧布思運用強勢領導和外
交技巧──共同評鑑供給流程──並說服公司其他部門和供應
商，將最終顧客的利益放在公司利益之上。特易購的執行長泰

利·萊希爵士（Sir Terry Leahy）也大力支持改革方案。他認為特易購遭逢問題時，不應該走回頭路。我們將在第6章中見到，特易購努力落實精實供給方式，並運用新方法使顧客在需求的地點滿足真正的需求。這些措施，使特易購成為全球快速消費性產品業界的龍頭老大。

進一步壓縮供給步驟

最近幾年出版的商業企管書籍流行一種說法：距離已不復存在；與他人或與顧客互動的地點已然不重要[12]。這種說法，對於能夠以電子傳送的商品（例如書本），或許是正確的。但真要從電腦下載整本書，以取代現在手中的印刷書，恐怕還需要一段相當長的時間。

無論如何，目前消費者需求的商品絕大部分仍然是實質商品。我們喝的可樂和駕駛的汽車，都必須經過供給溪流數個點，才能送到我們手中。如果我們希望滿足自己真正的需求，供給溪流各個點位於何處便相當重要。幸好，如果將精實方案運用於我們討論過的各項產業，如飄洋過海的運動鞋業，即能發現多面向的機會。關鍵在於，壓縮供給溪流的空間和時間。

回到鞋業的例子。假設鞋類零售商並不是下一張不可更改的大訂單給供給溪流頂端的製造商，而是在店裡備齊每種鞋款每一種尺寸各一雙，然後由顧客決定追加訂單的內容。顧客選購一雙鞋子，即成為供給溪流唯一下訂單的點，啟動環環相扣

的供給圈。

為了落實這個做法,鞋公司必須在北美和西歐建立許多區域配銷中心,才能夠直接並頻繁供應區域內各個零售點。目前鞋公司則是採用遠距離供貨方式,一個國家只設一個配銷中心,或北美、歐洲各只有一個全區配銷中心。配銷中心拆卸來自亞洲的貨櫃,重新裝箱後再運送至零售商的配銷中心。零售商的配銷中心再次耗費時間拆裝、裝箱,才將鞋子運往各零售點。

如果鞋公司能建立眾多配銷中心,在卡車行駛一天的範圍內,向零售店補貨,則零售公司的配銷中心就沒有存在的必要了;如同特易購減少一個層級的配銷中心,節省了時間和金錢。

鞋公司的區域配銷中心,可以在人口密集地區實施「巡迴裝卸貨混載運送作業」(milk run),密集地直接補貨給零售店;在人口較少的地區,則可以運用如聯邦快遞(UPS)等快遞公司進行補貨。如果零售店沒有顧客需求的款式和尺寸,區域配銷中心可以隔天將這雙鞋子直接送至顧客處。

配銷中心內,只有少量庫存,供隔天運送至零售店和顧客處。在都會區,如果某款鞋銷售量暴增,區域配銷中心當天就能完成補貨。日本的7-11和豐田汽車,對於快速消費性產品和汽車零件完成當天補貨,已實施多年。

同等重要的是,區域配銷中心和製鞋工廠之間也能進行密集補貨。鞋公司每天記錄區域配銷中心出貨至鞋店的情形,並

由循環運送卡車至各鞋廠載運所訂購的鞋子，送往各區域配銷中心；數量與配銷中心出貨至鞋店的數量完全一樣。

製鞋工廠的生產線也具有高度彈性，而且作業順暢，因為他們有少量備援成品供裝運，不需要頻繁更動生產計劃[13]。最後，製鞋工廠的進貨月台也正在進行後拉式進貨，由原料供應商以循環運送方式，供應需用材料。我們將這套系統，包括耗用時間、總庫存、服務水準，繪製成圖表5-4。你可以將這張圖和我們先前繪製的「鞋類銷售現況圖」（圖表5-1）相比較。

請注意，鞋子由工廠送至零售店貨架的時程，由一百五十天縮短為十天。顧客購得鞋子的比率由80%提升為95%；鞋店裡賣不出去，必須以打折方式出售或當成庫存的鞋子，由40%降低至5%。此外，如果鞋店沒有顧客需求的鞋款和尺寸，配銷中心可以在兩天內將這雙鞋子送至顧客家。也就是說，如果顧客願意等候四十八小時，就不必買自己不怎麼喜歡的鞋子，或是空手而返。

不過，傳統型業者如果花一點時間思考的話，當可發現這中間有一個問題。由顧客發動的快速補貨方式，唯有鞋店、配銷中心、工廠都在鄰近，才可能順利運作。否則，只好以昂貴的空運進行快速補貨。但是，由於工資因素，目前多數鞋工廠和消費者相隔半個地球，而且以緩慢的海運運送鞋子。如果將製鞋工廠拉回消費者鄰近，能符合成本效益嗎？

為解答這個問題，應該計算一雙鞋子歷經供給溪流的總成本，而不是在製鞋工廠內製造鞋子的成本。總成本包括在製鞋

圖表5-4　未來鞋業銷售圖

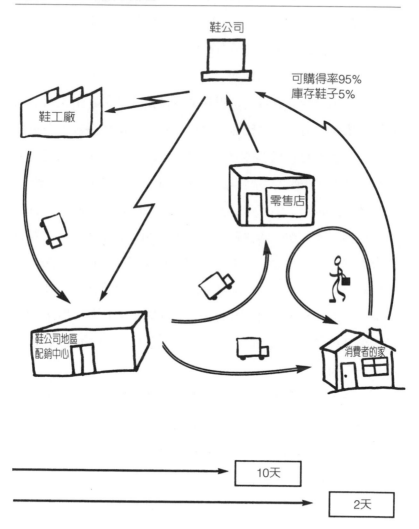

工廠的製鞋成本；鞋子運送至配銷中心，再運送至鞋店的物流成本；配銷中心的作業成本；庫存鞋的持有成本；缺貨導致的營業損失；打折出清庫存鞋的損失；庫存鞋低價出售的品牌形象損失。此外還有品質問題（因為唯有顧客會發現瑕疵，而且是在鞋子出廠數個月後）、複雜的供給溪流管理、匯率風險、離銷售點千里之外的生產地風險。

精實產地邏輯

我們最近花許多時間，針對「產地邏輯」（location logic）這個問題與鞋類業者進行訪談，並計算一雙鞋子供應特定市場的總成本[14]。我們發現，供應美國和西歐地區的鞋子，具有下述「精實產地邏輯」：

運用新科技製作的新鞋款，似乎以在美國或西歐的設計中心附近生產較佳；直到這項新科技已臻於成熟，而且有跡象顯示，市場對於這類鞋有長期興趣，再進行生產地轉移。製鞋工廠在設計中心附近，可以同時減少生產和運送的問題，並增加生產和銷售對研發團隊的回饋（同等重要地，新製程科技對於產地選擇可能有長期影響。例如，某項新科技得以大量減少縫鞋面所需的勞力，將生產工廠設置於消費市場附近，也許可以降低總成本）。

為顧客量身打造迅速交貨的商品——例如，透過網站訂購的商品——也適合在公司研發中心附近的高工資地區進行生

產。最近若干實例顯示，顧客願意多花一些錢，量身訂做自己喜歡的材質、顏色，並印上自己徽記的鞋子——也就是顧客真正需求的商品——但他們希望自己訂購的鞋子迅速交貨，不願意多花錢從地球的另一端空運過來。

耐吉運用這個觀念，在Nike iD網站供應量身打造的運動背包。顧客在網站上訂購的背包，就在加州奧克蘭工廠進行生產。廠方根據顧客指定的材質、顏色、飾條製作背包，並刺繡或印上顧客的名字或特殊字句。這種個人化背包以快遞送交顧客。每只背包的價格，包含運費在內，只比零售店價格貴10美元。耐吉公司仔細計算：舊金山地區的工資（包含福利）每小時15美元；中國地區鞋工廠的工資約每小時0.8美元。但是，以高昂的美國工資製作背包，加上快遞費用的總成本卻低於在東南亞生產標準型背包，並運送至美國零售店的總成本[15]。原因何在？

因為先找到顧客，然後按照顧客訂單生產的供給方式，使耐吉公司得以減少運送和銷售的諸多步驟：

- 在中國工廠內儲存相當數量商品，直到足夠裝滿一貨櫃送往港口。
- 貨櫃存放於港口，直到有足夠數量得以裝船。
- 兩國的通關作業。
- 商品儲存於美國西岸的配銷中心，然後拆櫃裝箱，送往各零售店。

- 零售店的營運成本。
- 零售店的存貨成本。
- 商品缺貨造成的營收損失。
- 打折銷售造成的營收損失。
- 庫存商品的成本（有時候逕行丟棄）。滯銷的原因是預測錯誤。

耐吉公司的成本分析顯示，即便運動鞋和背包是勞力密集商品，製作工資只佔生產和運送總成本的一小部分[16]。佔總成本較大部分的是，耐吉公司本身的運作費用、海外生產工廠的管理費用、多個點的大量庫存、零售店的營運費用、缺貨導致的營收損失、庫存過高導致的損失等。

量身訂製商品通常只限於高價位商品，因此，以純熟技術生產，並以中價位於零售店供應的標準化商品，似乎是另一回事。我們認為，這類商品的巨大數量（佔眾多生產線的大部分）和不穩定的銷售量，適合在靠近消費市場的低工資地區設廠。對於北美市場而言，應是墨西哥；對於西歐市場而言，應是羅馬尼亞或土耳其。對於亞洲市場而言，應是鞋子的發源地中國。

在消費市場的鄰近地區設廠，鞋公司得以將長距離運送的海運（便宜但是很慢）或空運（昂貴但是很快，生產延誤時常使用），改成以卡車運送（又快又便宜）。例如，卡車可以在十二至四十八小時內，從墨西哥中部的鞋工廠，將鞋子運送至美

國各地的配銷中心。從羅馬尼亞或土耳其運送至歐洲中部，只
需多加一天。

　　也就是說，顧客今天在鞋店購買一雙鞋子，即能啟動生
產，並在一天之內由區域配銷中心補足商品。兩天之內，工廠
即能補足區域配銷中心的商品。一雙鞋子，從工廠到零售店需
時不超過一個星期。相對地，從東南亞以貨輪運輸至北美或歐
洲的配銷中心，需時超過四十天。整個過程包括：卡車將鞋子
從工廠運到港口、通關、等候貨輪到港、裝運上船、飄洋過
海、卸貨、通關、運送至配銷中心。

　　最後，以成熟技術製作而且可高度準確預測需求量的鞋子
——譬如耐吉的「空軍一號」白色網球鞋，二十五年來基本鞋
型都不曾變化——可以在全世界工資最低的國家生產，並維持
最低總成本。不過，這類鞋子只佔總銷售量的很小比率。

　　根據我們和多家鞋公司討論的結果，如果按照我們所提的
計劃，重新調整生產工廠、配銷中心和零售店，將能為鞋公司
提升8%至10%的利潤。對於高度競爭的鞋業公司而言，這是
相當令人心動的數字。但我們必須說清楚，增加利潤並非一蹴
可幾。最大的問題在於，將鞋子生產地由中國或越南移至墨西
哥或土耳其，不只是組裝問題而已。組裝問題只須若干簡單工
具，簡單的廠房設施，以及適當的員工訓練。真正的問題在於
基本材料供給方面。

　　生產鞋子必須使用多種不同的材料，而且這些材料只能用
於製鞋。這些材料供應商目前有的是在高工資國家（在這裡材

料供應商有自己的技術中心），有的是在台灣、韓國、中國。這些供應商要維持相當大的規模生產材料，所以在市場需求尚不確定前，不會想要在新地域設廠生產。但是，遷移組裝工廠和基本材料工廠，卻是快速反應消費者需求的關鍵動作。如果基本材料必須飄洋過海而且充滿不確定性，鞋廠反應消費者的速度可能更慢，而且必須儲存大量成品。

有個簡單的方法可以轉移鞋子生產地，即是在每一個銷售地區設置一個特別組裝工廠。這些特殊組裝工廠能組裝多種鞋子，以應付對於市場需求預期錯誤的狀況。這些工廠有足夠的經費，能儲存相當數量各種基本材料，在市場需要某類鞋款時，快速供貨給鞋公司。對鞋公司來說，此一方法非常有價值。此外，這些鞋廠也能應付因為廣告導致的缺貨窘境。經過一段時間，這些組裝鞋廠逐漸壯大，足以吸引基本材料供應商在附近設廠生產。於是，經過壓縮的供給溪流就誕生了。

精實產地邏輯適用所有商品

上述邏輯適用任何產業的每一種重要作業——產品研發、商品生產、顧客服務。在特定地區供應特定顧客的每一項商品，必然可以找到最低總成本地點，以進行設計、生產和顧客服務。與目前多數企業家的看法相反，這個地點是愈接近顧客愈好。當產品研發、生產和顧客服務都能符合精實原則，在消除浪費和各種附加成本後，最低成本的設計地點、生產地點，

以及顧客服務地點,仍然是愈接近顧客愈好。

　　無論如何,這些地點都不能拉得太遠。近幾年,我們將精實原則推廣至東歐、拉丁美洲和東亞[17]。經驗告訴我們,這些地區的工程師、生產經理、生產線員工、客服經理都能很快地嫻熟運用精實原則,在工資上漲的同時,降低總成本。我們相信,目前在已發展國家進行的設計和生產工作,將逐步轉移至發展中國家。而且,這些發展中國家必然與已發展國家位於同一地理區塊,而不是地球的另一邊[18]。

　　我們已經將精實供給原則運用於超市和鞋業這兩項產業。但是,精實原則適用於任何產業,包括汽車和蒙古包[19]。我們提出四項原則,協助企業供應消費者真正需求的商品:

1. **只從單點啟動訂單,以規範整個供給溪流**。精實思考者稱這個點為「前導者」。最理想的點,就是最終顧客購買商品的點。

2. **運用最低雜訊的方式──愈簡單愈好──發出頻繁補貨的訊息**。不論你怎麼做,務必去除供給溪流各點的物料需求規劃系統(Material Requirements Planning, MRP)和企業資源規劃系統(Enterprise Resource Planning, ERP)。這兩套系統發出相互牴觸的指令。這些指令是供給溪流各個點的經理,為了解決迫切問題而發出的指令,結果卻使情況更糟。

3. **供給溪流中各個點少量多次補貨,由前導者控制步伐快**

慢，並運用精實物流原則。一般認為，大量少次進貨，能
降低商品的總成本——由原料至最終顧客取得商品——事
實上是錯誤的。大量生產也可以少量運送。

4. **盡可能將生產地和分銷點貼近顧客。**精實生產地的最簡單
原則為：(a)未成熟或量身打造的商品，應該接近生產者的
技術中心，即便在高工資地區亦然。(b)需求量穩定且為標
準化、勞力密集的商品，應在消費市場的地理區塊內的低
工資地區生產[20]。決定在哪裡設廠生產，不是喜好問題，
而是計算總成本後的抉擇。總成本包括直接生產成本、物
流成本、存貨持有成本、剩餘商品成本，以及缺貨成本。

下一個挑戰：節省顧客的時間和精力

我們已處理完供應顧客真正需求的問題。其重點在於，供
給者學會計算總成本，並運用後拉式補貨原則，重新組合供給
系統，並將生產地設於最佳地點。如此，消費者將以較低成本
滿足真正的需求。在競爭市場中，這代表顧客能用較低的價格
購買商品。

但是，我們曾經多次說明，顧客耗費的總成本，不等於商
品的售價。也就是說，總成本應該加上顧客為了解決問題，所
耗費的時間價值和付出的精力。因此，我們必須考量顧客在哪
裡，以及用哪一種供給方式，獲得需求商品。這兩項因素對於
顧客耗費的時間和精力有深切影響。

第 **6** 章

在適當地方供給我價值

　　如果請你舉出一個地方，可以在那裡以最低的價格，購得真正所需商品。我想你一定會回答：「大賣場。」需要購買雜貨、藥品、個人保健用品、內衣、襪子——零售業者稱為「快速消費性產品」（fast-moving consumer goods），在英國你或許會去特易購，在法國則去家樂福。如果想購買裝修房屋的用品——鐵鎚、三合板、鐵釘——你或許會去美國的家得寶（Home Depot）或勞氏（Lowe's）。想購買家具——成品家具或組合家具——在歐洲或美國，或許會去宜家家居（Ikea）賣場。如果想購買電子商品——電視或數位相機——你應該會去百思買（Best Buy）或電器城（Circuit City）。如果想在一家店購足所有的東西，第一個想到的應該就是沃爾瑪超市（Wal-Mart Superstore）。新型的沃爾瑪超市販售十五萬項各種商品〔零售業者稱之為「庫存單位」（stock keeping units, SKUs）[1]〕，是目前最大型的超市。

　　消費者認為，前往上述大型超市購物是理所當然的事，因為每個人似乎天生就具有「規模」概念。根據「規模經濟」（scale economies）觀念，賣場愈大，營運成本愈低，向供應商大量進貨的價格也比較便宜。此外，如果賣場像倉庫，商品堆疊至天花板，價格一定較便宜，因為賣場本身就是批發商，不用再經過「中盤商」。如果賣場以一包二十四件為單位，如家樂福，價格也會較便宜；因為根據規模經濟，包裝和處理費用必然較節省[2]。

　　讓我們暫時假設，這些大賣場都認真落實我們上一章提及的各項觀念，將單項商品的可購得率提升至99.5%或更高。如此，希望以最低價格購得快速消費性產品的顧客，一籃子購物滿足率可達85%。或許你認為，這已是消費者期待的最佳狀況：以最低價格購得多樣商品。但是，消費總成本是否最低呢？

　　首先，來畫一張消費圖，列示消費者前往大賣場購物必須做的各個動作，以探討這個問題。我們將仔細計算消費總成本，包括消費者耗費的時間，而不是只考慮商品售價。

　　我們首先注意到的是，消費者必須花相當多時間前往大賣場；因為業者通常只能在郊區以較低成本取得大片土地，因此賣場大多位於都市外圍，很少在市區內[3]。例如，美國的消費者前往大賣場購物，平均至少開車25英哩，耗時50分鐘，交通費用要6美元。然後，還得找停車位，穿過停車場，才能進入大賣場。

　　在賣場裡，我們發現一個很有趣的現象。根據多家賣場的會員卡統計數據顯示（特易購可以說是蒐集資料的行家，因為80%的特易購顧客都使用會員卡），一般家庭一整年購買的快速消費性產品，低於三百項。而且顧客買了許多替代性商品，因為顧客真正需要的那三百項商品可能缺貨。

　　由於特易購的庫存單位有八萬項——其中一半為食物和飲料；另一半是家用品、電器、服飾——也就是說，賣場裡99.6%的商品（正是廣告裡大肆宣傳的應有盡有）與一般顧客不相關[4]。顧客必須在上萬種不需要的商品中，尋找需要的數百種商品。

　　尋尋覓覓著實浪費太多時間和精力。顧客在大賣場裡通常耗費一個小時購物，還不包括在結帳櫃檯前排隊等候。許多顧客則抱怨，他們在大賣場內，常常不知道想買的商品擺在哪裡。購物完畢後，顧客必須走到停車場找到自己的汽車，然後又是25英哩、50分鐘、6美元。

　　整個購物時間超過三個鐘頭。對於時間有限的顧客而言，成本相當高。而且，往來交通費用還沒有反應在商品價格上。因此，大賣場是否提供最便宜的消費總成本，其實並不然；要看消費者的收入、時間價值、需求商品是否多樣而定。購物耗費的時間和交通費用，都列示於圖表6-1「在適當地方購得正確商品的高昂成本」中。

　　當然，消費者還有其他選擇。顧客根據自己所欲購買商品的內容，以及交通便利性，可以選擇其他購物場所。讀者可以

圖表6-1　在適當地方購得正確商品的高昂成本

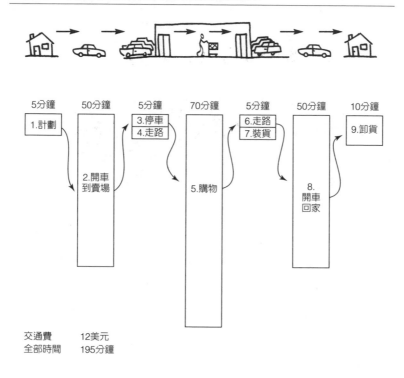

交通費　　　12美元
全部時間　　195分鐘

事先列出其他可行的購物選擇，在前往大賣場之前，事先評估下列購物途徑：

　　消費者可以從辦公室或住家，走幾分鐘的路程到鄰近的便利商店，以頗高的價格購得有限的商品。7-11式的便利商店，通常有一千五百項庫存單位。

　　或者，消費者也可以去鄰近購物區的傳統商店，以較低價格購得較多項商品，但必須多花一點交通時間和尋找貨品的時間。美國購物中心的「商人喬有機超市」（Trader Joe's）或英

國都會區的特易購都會店（Tesco Metro）的庫存單位，約在五千項至一萬項之間。

　　消費者也可以去典型超市，以更便宜價格購得更多項商品，但也得耗費更多交通時間和尋找商品的時間。美國和歐洲的超市——如克魯格（Kroger）和森斯伯瑞（SainsBury's）——目前有四萬項庫存單位，數量還在穩定成長中。

　　消費者也可以選擇大賣場式的折扣倉儲店，例如美國的好市多（Costco）。但折扣倉儲店的庫存單位較少（好市多約三千五百項），消費者如果可以接受限制單項商品的最低購買量（譬如，衛生紙一次須購買二十四捲），並願意花費往返交通時間，可以在這裡以極低價格買到有庫存的商品。

　　最後，消費者可以在家裡上網訂購任何商品，而不必出家門一步。但必須花費可觀時間等貨送來，並額外支付宅配費用（宅配費用可能內含於商品價格，也可能另外收費）。

　　在圖表6-2及6-3裡，我們列出消費者購買雜貨商品的各種

圖表6-2　顧客購物選擇表

	耗用時間（分鐘）	交通費（美元）	商品價格
大賣場	195	12	低
折扣倉庫	160	12	非常低
超市	95	5	低
鄰近商店	50	4	中等
便利商店	15	------	高
網路購物	25（＋稍後取得商品＋運費）	------	低

圖表6-3 顧客購物選擇圖

大賣場

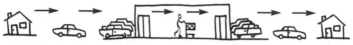

折扣倉儲店

超市

鄰近商店

便利商店

網路購物

稍後取得商品

方式，並彙整各種方式所耗用的時間、交通費用和商品價格。

　　現存的各種購物方式，迫使消費者在「時間、商品種類、金錢」之間做抉擇。多數零售業者採用這個模式，並假設消費者會選擇其中一種做為常用的購物方式：價格敏感型的顧客（可能是收入較低者）寧願多花時間去大賣場購物；時間敏感型的顧客（可能是收入較高者）則寧願多花一點錢，去小店或上網購物。由於零售業者認為價格敏感型顧客多於時間敏感型顧客，近二十年來，零售業的大部分投資都運用於興建更多更大的賣場。不管這個思考邏輯到底對不對，大賣場的消費金額佔率愈來愈高。

　　而且，每一類快速消費性產品都呈現這種現象。少數幾家大型連鎖書店，如邦諾書店（Barnes & Noble）以及亞馬遜網路書店（Amazon）的銷售量，佔了美國書籍總銷量的大部分。少數幾家大型連鎖藥店，如CVS，運用大賣場形式，也佔了藥品總銷售量的大部分。這個趨勢，使得獨立書店和街角藥局逐漸被淘汰。

　　的確，直到最近零售業者仍然奮勇追尋規模經濟大量生產的極限——設立更大的賣場，向供給者採購更大量的貨——以達到商品最多樣、價格最便宜的目標。這個大量生產邏輯移植自老舊的工廠經營觀念（目前反而逐漸變小），以創造所謂的「大量消費」。這個邏輯假設，價格敏感型的顧客將選擇最便宜的採購方式，排斥其他的採購方式，「大賣場終將贏得勝利，所以，我應該去家樂福或好市多購物嗎？」這個邏輯也假設，

規模因素將穩定地減少經營大賣場的企業家數，「最後會只剩下沃爾瑪一家嗎？」大賣場的支持者和批評者似乎都期待這樣的結果，認為「沃爾瑪世界」終將到臨，促成真正集中化、標準化的大量消費。反全球化者已將這個情景預先告知全世界，認為最後將剩下少數幾家大量供給者，壟斷全球零售市場[5]。

奇怪的是，即便大賣場的供應商已採用精實原則，零售業將成為少數壟斷局面的想法仍然方興未艾。小工廠實施精實物流系統，也能頻繁且確實地將多樣少量商品運送至眾多地點，而且不增加成本。

所以，零售業者真有必要走上大量消費之路嗎？消費者只能有一個地方可以獲得需用商品嗎？商品多樣、價格、消費者的時間，一定得犧牲其中之一或之二嗎？秉持大量消費邏輯的人，對於上述問題的答案都是肯定的；然而，秉持精實消費邏輯者的答案則是否定的。

傳統供給分類法

許多公司在進行商品行銷時，都依人口屬性將顧客分類為數個族群[6]。有多少收入可以消費？家庭成員有幾人？養幾隻寵物？教育程度如何？有了這些資料之後，通常就能預測出顧客將去何處、以何種方式購物：價格敏感型顧客去沃爾瑪；時間有限、高收入顧客去辦公室或住家附近的商店購物，或是在家裡上網購物。

　　精實消費的分析方式則迥然不同。捨棄聚焦顧客的屬性，精實供給者靠的是觀察顧客所處的狀況[7]。時間倉促時，希望節省時間；定期大量採購日用品時，希望節省金錢；但顧客經常期望兩者皆能滿足，卻找不到最適合的購物方式。因此，以雜貨和家庭用品而言，顧客偶爾會去遠處的好市多大量採購；每週去中型超市採購一次；偶爾因為臨時需要或在回家途中購買晚餐時，就近選擇在便利商店購物；無暇外出的時候，就上網購物配送到家。

　　顧客的屬性並沒有改變：同樣的收入、同樣的教育程度、同樣的家庭人數。但顧客所處的狀況則經常改變，週週不同，天天不一樣，甚至每個小時都有所變化，因此顧客會以不同的方式購買同一項商品。在時間許可的原則下（他們的時間價值也隨狀況改變），消費者會經常改變購物方式，以降低消費總成本，也就是商品價格加上取得商品所耗費的時間價值和精力。

　　其中值得注意的是：現在大多數消費者的時間都相當有限，所謂「顧客所處的狀況」已然成為重點。實際上，如果消費者不需要在時間、價格、商品多樣性之間犧牲其中一二的話，所有的人都寧願以節省時間和精力的方式，購得所需商品。這即是精實消費可以根本地改變運作方式的立基點——因為事實上，顧客可以運用我們敘述的每一種方法，以合理價格購得同一種商品，不必做任何犧牲。接下來，讓我們來看看特易購是如何運作的。

多種規模零售網

英國的特易購連鎖超市，成為精實供給者先驅已有十年以上的歷史。1990年代中期，特易購當時的供貨部總裁葛拉翰・布斯（現已退休）觀察精實物流對於零售事業的影響，認為：由顧客啟動的快速補貨系統，適用於每一種規模的零售業。而且，使用同一補貨系統、同樣的供應商、同樣的配銷中心、同樣的卡車，即可以對各種規模的店舖進行補貨。

布斯認為，同一商品在不同零售規模下，實質成本應該只有微小差別。因為向供應商進貨時，可以用零售網的總數量進行議價，而不是以個別銷售點的數量分別議價。此外，用循環送貨卡車對大賣場進行補貨時，也可以同時對小商店補貨，以分攤運送成本。小規模商店的價格劣勢──因為進貨數量較少以及運送成本較高──即可消弭於無形。

為應用這個觀念，特易購由英國起步，設立不同規模的零售店，消費者可以隨著自身狀況的變化，用不同購物方式，取得各種快速消費性產品，繼續做特易購的忠實顧客。於是，特易購在加油站和都會區的十字路口設立特易購便利店（Tesco Express）；在人口密集的鬧街設立特易購都會店（Tesco Metro，屬於最小型的超市）；在市內和郊區設立傳統型的特易購超市（Tesco Supermarket，現已有各種非雜貨類庫存單位商品）；在郊區邊緣設立特易購超大賣場（Tesco Extra），以對抗沃爾瑪英國分公司ASDA設置的大賣場。此外，還有專為

線上購物設置的特易購網（Tesco.com）。

這套策略相當成功。特易購以撼動業界的手法，買下數家英國連鎖便利商店，進行快速補貨系統整合。這項策略使特易購成為英國價格最低廉的零售商（包括沃爾瑪的ASDA），並穩定地提升獲利率和市場佔有率。現在特易購已佔全英國20%的快速消費性產品市場；全英國25%的家庭，都是特易購「顧客忠誠計劃」[8]的會員。

完成精實轉型

運用精實原則經營快速消費性產品，以多種店舖規模滿足顧客的需求，只是一個起步。接下來則是搭配會員卡的運用，給予經常來店的顧客折扣價格。特易購（以及陸續跟進的業者）透過會員卡得以獲知一般家庭一整年在賣場消費的情形，以及何時在何處購物。事實上，特易購80%的銷售量，都是拜持卡人之賜。會員顧客在特易購各個賣場購得所需商品的比率，接近百分之百。

此外，顧客申請特易購會員卡時，需填具若干個人資料——年齡、家庭成員數、地址、特殊飲食要求、特別感興趣商品（嬰幼兒用品、酒類、健康食品等）——特易購得以了解顧客對於價格／時間／商品的選擇傾向，並將新商品資訊提供給感興趣的顧客。這是關鍵的一步，將顧客由陌生人轉變成精實供給者的合作夥伴[9]。我們將在第7章和第10章討論這個議題。

　　運用多種規模的賣場，再加上對於每位顧客的詳細了解，零售業者得以最低總成本、最便利方式，提供每個家庭所需商品。方式之一是，在顧客住家附近的小商店，就能供應所需的「庫存單位」（SKUs）。按照這個思維邏輯，反觀沃爾瑪預設的單一超大賣場選擇：賣場內應有盡有，只要貨架上有貨，顧客就能購得所需。但超大規模需要有廣大腹地才能運作，而一個地區只能支持一家店。結果，多數顧客都必須長途開車才能抵達超大賣場。

　　現在，大多數零售業者對每一種經營規模，已發展出一套庫存單位標準作業程序，「數據化貨架管理」（Plan-o-gram）方式可以顯示每項商品擺在賣場何處、數量多少、銷售速度多快。業者根據經驗調整貨架上的商品——特別是將無法銷售的商品下架——但大多是根據直覺，而不是實際數據。業者最缺乏的資訊是顧客需要，賣場卻沒有賣的商品。問題不在於「缺貨」，而在於「應有而未有的商品」。

　　然而，藉由蒐集消費者在居家鄰近小商店購買哪些商品，以及在大賣場又購買哪些商品的資料，來調整貨架上的商品，再配合該店客戶的購買習慣，能讓一般家庭更便利地購得更多所需商品。

增加便利商店的商品項目

　　便利商店的挑戰則是，在不增加營業空間的情況下，增加

商品品項。由於便利商店都設置在地價最貴的都會區，日本的
7-11連鎖便利商店非常重視這個問題。7-11的運作原則，是在
1980年代由自豐田汽車退休的經理人大野耐一（Taiichi
Ohno），與另外一位同事鈴村喜久男（Kikuo Suzumura）共同
引進。在其他國家的連鎖系統，同樣採用部分總公司的精實運
送和迅速補貨原則，營運也相當順暢[10]。

多年來，日本的7-11運用後拉式系統和循環運送卡車，每
天對各店補貨四次以上。顧客購買商品時，就會啟動補貨系
統，使便利商店能以低庫存維持高服務水準。2004年，7-11擁
有全日本便利商店最低的缺貨率，貨品週轉率達五十五次。此
外，由於每件商品的架上數量很少，貨架可以很窄，因此，在
相同店舖面積的情況下，可以容納更多商品[11]。

快速補貨系統更造就7-11成為新鮮食品的大供應商。因為
容易腐壞的食物如壽司，可以在幾小時內製作完成並快速運抵
各店。

最近數年，7-11進一步實施每日定時及每週定日，更換貨
架上的商品。送貨卡車每兩小時抵達一次，進行補貨，並適時
更換貨架上的商品。實施這種做法是因為，公司發現某些顧客
會在某些時段密集購買某些商品。例如，早上來買咖啡的顧客
特別多；下午是冰淇淋；晚上則是買酒；週末買清涼飲料的人
最多。

密切觀察顧客的類型——例如，在顧客結帳的時候按幾個
鍵，即可將顧客的性別、年齡等資料傳送到總公司——每日定

時（以及每週定日）更換貨架上的商品，即能利用狹小空間供
應更多商品。

創設理想的店

接下來的一大步，則是在不增加成本的原則下，結合小店
的便利和大店的產品多樣性。簡要地說，即是為每個家庭創設
理想的店，一個購物方便而且應有盡有的供應機制。

能滿足每個消費者的理想之店是什麼模樣？我們的想法
是，當客戶需要買東西時，這家店就在附近（通常是居家附
近，或者是辦公室附近），而且只供應顧客所需的商品。試想
一下：住家附近有一家店，可以供應家庭每年購買的三百項商
品；事實上商品項目可能更少，因為這家店從不發生缺貨的情
形，所以顧客不需要購買替代商品。此外，這家店還會根據顧
客的喜好，選擇幾項新商品供顧客參考[12]。

理想的店的概念──每位顧客的專屬服務店──目前還不
太實際，也很難知道未來如何徹底落實。但有幾個可以朝這個
目標邁進的方法，例如，顧客到店時，商店已將顧客所需商品
備齊並包裝好，顧客甚至不必下車取貨。或是，便利商店的價
格與遠處大賣場的價格相同。

這些理想有可能實現，或許你已注意到，網路商店在顧客
抵達之前數小時，已將商品包裝好，讓顧客在下班開車回家的
路上即可順道取貨。重點在於物流系統，也就是將距離遙遠、

但種類多樣的大賣場商品，為顧客運送到居家附近的小商店，而且打包好，等候顧客前來取貨。

事實上，特易購在英國已運用這個方式，服務在家購物的顧客。當許多新加入市場的網路商店——如美國的網路雜貨店Webvan——耗資數十億美元建立自動化倉儲系統和物流系統時；特易購已讓員工替網路的線上顧客在鄰近的特易購超市購物，為該公司賺進鈔票。

特易購不需要增建倉庫或增購車輛，只需要運用賣場現有員工，趁顧客不多的時刻，從貨架上取得網路訂單的商品。如此，就可節省驚人的服務成本。也因此，特易購似乎是世界上唯一從線上購物獲利的零售商，而且線上購物金額佔總營業額的比率持續成長——超過4%，每年還以1%的速度成長。

但是，線上購物無可避免會增加若干成本；因為卡車必須在住宅區繞進繞出，耗費許多時間。此外，顧客必須在家裡等待或是另找可靠的方式，不必在家枯等。方法可以是我們先前建議的，讓顧客順路在居家附近的便利商店取貨。

便利商店沒有販售的商品，可以從大賣場的貨架上取得，然後在便利商店交給顧客。如同圖表6-4所示，由循環送貨卡車將這些商品送到便利商店。這些卡車其實就是來便利商店頻繁補貨的同一批卡車。

在這個架構中，賣場具有兩種功能：第一，直接購物。有時間而且有意願前來賣場的消費者，可以在這裡親自選購商品。第二，間接購物。賣場如同倉庫，賣場員工按照網路訂單

圖表6-4 循環運送卡車補貨圖

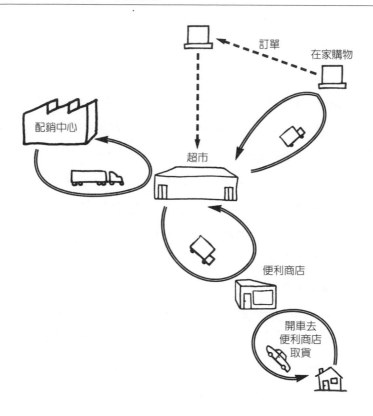

取貨，然後送貨給顧客。如此，可以同時滿足時間價值不同和
採購方式不同的顧客。

水蜘蛛的驚人效率

我們的精實典範豐田汽車，多年前設計出一套精密的材料

遞送系統，供應裝配廠及製造廠每一個工作站所需的零件和原料。有一位員工，被稱為「水蜘蛛」（water spider）[13]，負責駕駛裝載零件和原料的拖拉車，每幾分鐘繞行工廠，停在每一個工作站，供應所需材料。

　　水蜘蛛的功效在於，生產線員工永遠不必停下手上的工作去尋找零件，或是將剛完工的半成品，移往下一個工作站。更令人訝異的是，這項遞送服務的成本相當低廉，因為班次密集，而且每個工作站都停。運用這套材料管理系統的工廠，運作總成本比傳統工廠低許多，因為存貨可以降至最低，員工可以專心於生產工作，因此生產效率相當高[14]。

　　運用這個觀念，可邁出精實供給的最後一步，即是將各供給商的送貨需求整合在一個水蜘蛛遞送系統，一天內在住家與辦公室間往返數次，包括雜貨店、郵局、快遞、洗衣店、文具用品店，以及五金店。水蜘蛛也可以遞送成品——例如，居家辦公室完成的文件——以及協助資源回收或髒衣物送洗。我們現在都耗費許多寶貴時間當自己的送貨員，尤其是在晚間或週末。運用水蜘蛛之後，我們可以有更多時間做自己喜歡做的事，而且能持續且頻繁地獲得物品供給。

　　工廠裡的水蜘蛛供應每個工作站材料，並載走成品和垃圾，不需要讓生產線上的人員中斷工作。同樣地，這套遞送制度可以供給每一個辦公室和家庭所需的物品，只要使用者購置一個儲存箱，以備沒人在家時可以存放遞送物品。由於班次密集，每個辦公室和家庭都停車送貨，也可以減少每項商品的遞

送成本,如同精實工廠所獲得的效益。

我們不知道目前是否有人採行這個方法。但由於能源價格上漲、交通阻塞嚴重、資源回收觀念日益彰顯;這套簡單、經濟、不會耗費辦公室員工和家庭主婦時間的制度,顯然相當可行。或許某位讀者願意挑戰這項新生意。

機能型 vs.體驗型購物

有些人認為,照本書所描述的最低總成本供給方式,只有那些有能力採用精實供給,經營各種規模賣場的大型零售商,才有可能存活下來。換句話說,沃爾瑪、家得寶、百思買等這些企業的最大問題,不在於對消費市場是否有巨大影響力,而在於他們試圖強迫消費者接受只能到大賣場的單一消費方式。事實上,顧客希望有多種消費管道,這一點,這些企業其實也做得到。

但是,樓下那家老闆與你相熟的書店呢?街角那家會給你體貼建議的藥局呢?我們和這些獨立小商店的關係遠遠超過一張信用卡。這些店注定要關門嗎?

答案是:如果這些店只能滿足客戶「機能型購物」(instrumental experience)需求的話,前景確實堪慮。所謂機能式購物的意義為,客戶希望以最低總成本,尤其是耗費最少時間,即能購買到例行性商品,例如牙膏、迴紋針、休閒小說、義大利麵醬等。我們會希望用最少的時間和精力,以適當價格

購得。

　　至於其他商品，我們的要求不止於此。本書作者住的地方，徒步可以抵達兩家書店；其中一家是大型連鎖書店，另一家則是老闆都在店裡的獨立小書店。小書店價格雖稍高，但我仍常去光顧。理由是，如果我想快速買到一本暢銷書，只要上網訂購，多付一點錢，隔日即可送到。但如果我想找一本較另類的書來刺激思路的話，會比較希望能經由「手工販售」（hand sold，套用獨立書店的術語）來購書。我希望在一個熟稔的環境中找書；而且通常這種小店的老闆會蒐集一些思維深刻且令人驚豔的書籍。我希望聽聽老闆的建議，也想要和有相同興趣的人一起買書。簡單地說，我們對採購過程以及購得的商品抱持同樣的興趣，而且願意為此多付一點錢。就是這種想法，驅使我們樂意在店員能提供建議的精品店買禮物，或是在風味獨特的餐廳吃晚餐。我們稱這種選擇為「體驗型購物」（experimental shopping），即購物過程和購得的商品同等重要。

　　然而我們無法得知，這兩種類型的消費者各佔多少比例。有多少人願意多花一點錢，接受較特別的服務？購買特別有趣的商品？有多少人則只是對商品本身感興趣？我們進行問卷調查時，發現結果相當不精確。許多受訪者說的和做的不一樣；就像許多人自稱支持綠色環保，卻天天開一輛大轎車上下班。

　　此外，我們也不知道該用什麼方法降低獨立商店的商品成本，這些商店必須面對進貨價格高昂的劣勢。獨立商店的供應商也是大型連鎖店的供應商，但大型連鎖店能夠靠著大量進貨

取得優惠折扣，並降低運送成本；獨立商店的進貨量太小，折扣空間不大，也無法降低運送費用。獨立商店的優勢不在於供應和大賣場一樣的商品，應該把焦點放在如何運用有效降低成本的方法，讓自己的獨特商品不至於太貴。

精實供給方式能減少耗費在機能型購物的時間，增加體驗型購物的時間，讓購物時間變成一種享受，而不是白做不支薪的工作。

供給版圖變革

我們曾經說過，商品的成本絕大部分由供給制度決定，包括整個運送的流程。此外，隨著現代人的時間愈來愈少，未來消費者購買例行性商品的場所將由大賣場轉向便利商店，更多新的運送方式也將隨之出現。雖然這不代表沃爾瑪式的大賣場將漸趨式微，不過，確實意味著多種經營規模的賣店即將興起，商品也將更能貼近顧客需要，節省消費者時間。

如果沃爾瑪能掌握這個趨勢，就能為每一種消費模式打造不同的商店，並將顧客由陌生人轉變為合夥人的角色，在這個由大量消費轉變為精實消費的潮流中，取得領先地位。然而，對於經營多年且擁有大賣場資產的業者而言，這是不容易跨越的一步，但這股趨勢確實會讓許多顧客漸漸捨棄大賣場。根據財務分析師的統計，快速消費性產品在大賣場以外商店的銷售數額逐年攀升。我們至少應該為這些數字變化找出一些原因，

才能掌握變革的需要。

　　然而，如果大型賣場的龍頭老大，遲遲不肯跨出變革的腳步，終有被經營規模較小的業者取代的一天，甚至是被快遞業者取代。就如同大量生產的創始者亨利・福特（Henry Ford）被精實生產者取而代之一樣，奉行大量消費的企業，最後將難逃被更能回應消費者需求的精實供給者取代的命運。

何時獲得所需？

　　討論至此，我們必須明確指出以下的假設：我們曾說過，消費者會希望能在特地的地點、適當的時間滿足自己特定的需求。如果這個假設屬實，表示供給者必須在某處儲存相當數量的商品，以便立即供應給消費者。但「適當的時間」一定是指「此時此刻」嗎？各類商品都必須儲存足夠的成品嗎？或許本章所討論的快速消費性產品確有此必要——解決日常問題的眾多小商品，必須按照顧客的需要量事先生產、大量儲存，但其他多數商品則無此必要，尤其是那些大型的複雜商品。事實上，這些商品可以在接獲訂單後再進行生產。我們將在下一章討論。

第 **7** 章

適時解決我的問題

前面已經說明，精實供給方式能減少供給者的總成本，並適時適地滿足顧客的需求。我們也討論過，以訂單生產系統做後盾的新的供給方式，如何能節省供給者和消費者的總成本。然而，眼前仍有一大步待跨出。我們必須探討一種新的消費方式，即是消費者和供給者以夥伴關係，而不是陌生人關係，通力合作，將兩者的總成本降低至新的水準——遠低於目前的水準。

合作的第一步必須先問「何時」？多數人都有先入為主的觀念，認為消費者瞬間即決定需要哪些商品，並期望在下一瞬間就獲得這些商品。這個觀念其實是供給者自己營造出來的。供給者經常要求消費者：「我們供應眾多商品，但你必須現在就做決定。」供給者總是鼓勵顧客即時從貨架上拿走商品，而不是多花一點時間訂購確實所需。

但是，即時回應供給者的要求，真能滿足消費者的需求

嗎？消費真的可以在瞬間做成大多數的消費決策嗎？讓我們先來看看多數人在滿足購物需求時，所經歷的思緒歷程。

上次你是什麼時候決定買車的？是開車經過汽車經銷商，瞥見一輛很吸引人的車款？或是看見廣告，發現新車即將發表的瞬間？還是某個星期六早上，你終於有時間、費神地和車商達成協議？或是某天聽說，你注意了很久的車款將在本週末結束優惠活動？簡單地說，你的決定是突然且衝動的嗎？以及，你需要立即取得商品嗎？

如果事先擬定購車計劃呢？車商可以跟你確定交車的時間，並且可以因此而降低購車總成本，會影響你買這輛車的意願嗎？

通常我們在購買日常生活用品的時候，不會事先做什麼規劃，例如我們前一章討論的零售商品。我們相信平時慣用的牙膏品牌，會一直被擺在店裡的某個角落。任何時候，只要是自己方便的時間，就可以在商店買到。

但在購買昂貴商品，如汽車、家電用品、個人電腦、視聽器材時，多數人會事先做一番規劃。進行規劃的時候，做決策的各種參數將下意識地不停在腦中盤旋。我們會預先知道能夠買到商品的數種方法，日後也將會運用這些方法取得商品。然而，在目前的消費流程中，除非消費者先行確認特定商品以及特定價格，否則是找不到跟供給者談買賣的機會的。相對地，供給者則不斷地對消費者進行廣告轟炸，期望消費者能在最佳時機購買、修理或升級商品。對供給者來說，最佳時機通常就

是現在，因為商品已經製成，而且不斷在累積供給者的存貨成本。

上述消費程序並不符合精實的標準。換一個方式，想像你去車商那兒，告知他們一年後你需要一部某種顏色、某種配備的中型房車。因為一年後，你現在所開的汽車就已屆齡，隨時可能報廢。再試著想像，你可以現在就下訂單──並配合汽車廠的產能，設定彈性交貨期──以換取相當折扣。你應該找誰談呢？大概是警衛吧，因為車商很可能認為你精神狀況不穩定而趕你出去。沒有業務員願意和你談的，因為現在沒有車商願意談以後的生意，他們在意的是如何將手上的庫存車以及即將入庫的車子順利賣掉。

仔細想想，或許你將發現，幾乎自己所經歷的大筆消費都有同樣的情形。或許數年前就已經開始考慮裝修房屋，但通常都是等到確定要開始進行的時候，才會開始去和裝潢商談生意。

我們經常會想像自己的下一台電腦、電話、PDA、影印機、掃描器、印表機和傳真機的樣貌；但除非上網訂購，否則沒有供應商知道我們心中的想法。儘管你的眼睛盯著櫥窗裡的超大液晶螢幕電視猛看，心中也設定了一個願意購買的價格，但是沒有供應商知道你的需求和想法。

我們的意思並不是說，每一筆大金額的消費都得事先規劃。如果汽車徹底報銷，或房子發生結構性的問題，我們會立刻到汽車經銷商處，購買一輛現貨車；或是找一個有能力修復

房屋的承包商，立即施工。此外，生活中多多少少還是會發生
沒有事先規劃、即興式的大筆消費。

　　基於上述事實，真正能滿足消費者的供給制度，必須也能
應付消費者的各種需求狀況；亦即供給者必須周旋於「事先規
劃型」消費者與「立即擁有型」消費者之間。精實消費的基本
信條為：單一消費方式無法適用所有的顧客，也無法滿足顧客
因時制宜的消費需求。

現行供給制度的偏執

　　如果大多數的人在消費前都會事先規劃，為什麼供給制度
不能也這麼做呢？反而密集推出促銷活動，企圖使消費者成為
衝動型的顧客，想立即擁有商品？

　　這是個非常有趣的問題。愈來愈多的顧客，希望購買自己
指定的特殊商品；但是除非供給者有規劃的能力，否則要迅速
按照顧客訂單製作商品的成本相當高。為什麼呢？來看看戴爾
（Dell）電腦的例子。

　　戴爾向來採用直接銷售的方式，完全不經過零售商，以滿
足顧客的需求。戴爾依據顧客的訂單，在一、兩天內完成產
製。這些訂單大都是網路訂單[1]。這種做法至少必須具備兩項
條件之一：訂單數量相當穩定，顧客的選項和混合機型具可預
測性。如此，戴爾才能有足夠的生產能力，即時以手邊的零件
完成訂單。否則，戴爾必須有超高彈性的上游供應商，維持超

量產能，可以應付某種特殊混合機型突然暴增的情況。

在現實世界中，這兩項條件，基本上都無法做到。

戴爾接獲的大企業訂單具有相當的可預測性。這些訂單的數量都相當大，還可以從容排定生產和交貨時間。但是「散客」——家庭使用者和小公司——訂單卻十分不穩定，通常會利用較有空檔的週末，上網訂購，或是在月底季末手頭較寬裕時，下單訂購。而且，散客比較喜歡追逐流行趨勢，使得熱銷商品的訂單量經常暴增，或者不規律地在全配備和陽春機之間擺盪。

戴爾的電腦、伺服器，以及其他產品都是在銷售區內的組裝中心進行組裝，如美國德州、田納西州、愛爾蘭、巴西、馬來西亞，以及中國。大部分的電腦零件，則是由台灣和新加坡的一群獨立製造商供應。如果遇上訂單暴增的情況，只能仰賴昂貴的空運才能快速補給。價格低廉的海運在此非常時期，往往費時數星期才能補給零件，緩不濟急。更糟的是，戴爾的供應商經常也同時供貨給戴爾的其他競爭對手，往往形成某零件整體需求量暴增，超過供應商的產能，即便空運也無法解決問題。

因此，戴爾要求零件供應商，在獨立倉儲運輸公司的倉庫內儲存一定數量的零件。這些倉庫分布於供應商與組裝中心沿途[2]，稱為「週轉庫」。即便已有這些安排，戴爾仍經常需要借助空運運送零件。

維持組裝線較高產能的成本相當低廉，但維持測試線較高

作業產量的費用則相當高昂，因為測試線的投資金額龐大，並
且幾乎耗費整個組裝工作的大部分時間。因此，戴爾僅能維持
較正常情形稍高一點的產能，以應付客戶需求的變動。由於短
期暴增的需求量可能是平均需求量的數倍，再加上維持額外產
能的成本高昂；戴爾如果要維持足以即時應付市場每一個波動
的超高產能，其實是很不實際的做法。

那麼，戴爾應該怎麼做，才能以合理成本快速生產為顧客
量身訂製的商品？答案是經常改變整台電腦的價格、延長或縮
短交貨時間，並引導顧客改變訂單的內容。例如，最近我們上
網，搜尋戴爾某個具有特定功能的電腦，發現訂價相當奇怪，
於是我們要求直接和業務員洽談。這位業務員似乎相當肯定，
我們指定的款式需要一個大型外接式硬碟，而且大型外接式硬
碟目前特價優惠。

這似乎是個相當怪異的巧合──我們的需求與他們的優惠
項目恰好一樣。於是我們發揮系統思考精神，詢問業務員，如
果不必考慮價格因素，是否還有其他選項。

最後，我們發現，我們原來想要的小型外接式硬碟，戴爾
當時缺貨；即便硬碟製造廠能供貨，也必須以昂貴的空運寄送
3。戴爾決定用一個變通方式解決這個問題：特價供應其他的
現貨。經過考慮之後，我們認為這項交易相當划算，於是下單
訂購。

但接下來又發生另一個問題：交貨期拖了非常久。不符合
我們預期的「立即組裝，立即配送」的快速交貨原則。我們進

一步詢問發現，由於近期需求量暴增，因此顧客必須等候。結果，我們購得一部比預期（或需求）功能更好的電腦，而且價格低廉，戴爾卻蒙受損失，因為他們必須以小硬碟的價格，供應較貴的大型硬碟。另一方面，我們必須比預期等候得更久，造成工作上的不方便。我們先前以為戴爾能即時供應電腦，事實上他們卻做不到。

陳述這個事實的目的並非為批評戴爾。戴爾是目前世界上最好的公司，可以說是有史以來能以最低價格滿足客戶的最佳公司。我們在此處強調的是，戴爾或其他處於同樣情況的公司，在面對顧客變化多端的需求與本身的產能限制，再加上隔山越海的零件供應商[4]，使得這些公司在希望為顧客做到的與實際能做到的之間仍存有一段差距。

三日產製汽車

即便有這麼多困難，戴爾和其他的電子公司，在為顧客量身產製電腦這方面，仍然具有相當優勢，因為他們的產品設計都有標準規格[5]。以電腦而言，外殼有標準規格，內部所裝配的也是標準規格的硬碟、中央處理器、電源系統、硬碟。不同效能的硬碟尺寸都一樣，座台預留的空間也一樣。從組裝的觀點而言，不論是大型、中型、小型硬碟，裝配的動作都一樣。但對於零件尚未規格化的商品來說，想按照顧客的訂單量身打造商品，就沒有那麼容易了。

　　最近幾年，全球汽車業者頻繁討論，如何減少成品車大量庫存的情形，以及如何減少特殊訂單交車冗長且不確定的情形。汽車業者由戴爾接單後快速生產的作業方式獲得靈感，開始規劃「三日交車」、「五日交車」的生產方式，期望能按照顧客的真正需求快速生產，並準時交車。

　　這麼做對汽車廠將有兩個好處：第一，減少折扣車造成的營收損失，使顧客能以真實價格訂購汽車。第二，降低經銷商新車庫存六十天的持有成本（目前總金額約600億美元）。新車庫存六十天的情形，在北美地區已持續存在了八十年[6]。

　　汽車公司是否嘗試解決這個問題？幾乎沒有。按照目前的作業方式，一輛汽車完成組裝，必須裝配一千個以上的零件和半成品（相對地，戴爾電腦只需在基座上裝配約十多個主要零件）。此外，幾乎每一家汽車公司都面臨單一車款銷售數量減少的情形。因此，汽車製造商必須同時維持數條產品各異的生產線，以達到規模經濟。每款車的車身、邊飾各異，顏色也有許多種。一千個零件的任意組合，可以做出風格獨特的車款。然而，為了讓正確零件在正確時間到達各組裝點，情況又變得非常複雜。

　　即便是豐田汽車這樣的精實生產者，也必須在實際組裝的前十天，排定所有的作業細節。再加上消費者向經銷商訂貨，經銷商向汽車公司訂貨，然後排定生產作業[7]，整個流程耗時數星期之久。此外，汽車出廠運送至經銷商處（準備作業），再送到顧客手上，約需要一個星期。懂得算數的人都可以算得

出來，即使消費者與汽車生產工廠位於同一地區，要在一個月內把汽車交到顧客手上，是絕對不可能的。如果必須使用海運送貨，還得再多加上二至四個星期的等候時間。

至少，豐田汽車能夠積極進行訂單管理和生產管理，以準時交付顧客預定的車輛。相對地，歐洲的豪華房車製造商並不接受生產區外的訂製車；對於區內的預訂單能準時交貨或提前交貨的比率——通常為銷售後六至八個星期——也僅達20%[8]。

壓縮作業排程似乎是可以持續努力的方向，我們希望上游供應商能逐漸遷移廠區，離汽車組裝廠愈近愈好。如此，數年之後，顧客從下單到取得汽車的時間當能縮短。儘管如此，每輛汽車都在顧客下單之後才生產，並可以在三至五天內交車的想法，仍然遙不可及。三至五天是一般認為顧客願意等候的時間；如果真能在這麼短的時間交車，即使有價格優惠，顧客也不再願意購買自己並不全然中意的庫存車。

在大多數我們需求、維護、修理、升級，以及回收的商品或服務上，都有相同的情形出現。消費者無預警的、持續變動的需求，對於產能有限、反應遲緩的供應商而言，將會是一項永不止歇的挑戰。

缺席的選項

不論是消費性電子產品、汽車，或者大型家電如冰箱、洗衣機，以及其他任何複雜的商品，供應商在確實滿足顧客需求

及快速交貨方面都沒有進步。我們將持續見到供應商根據揣測生產商品，或無法確切掌握交貨時間。

這種供應邏輯的顯著特點就是造成生產過剩（因為財務分析師堅持固定資產必須充分利用），然後再以折扣吸引顧客購買並非真正需要的商品。要不然就是等候顧客下單，承諾他們做不到的交貨時間，並希望顧客在長時間的空等後，不會取消訂單。不論哪一種情形，都是顧客和供應商雙輸的局面。顧客因為折扣的關係，買了不是真正想要的商品，供給者也因為折扣，損失營利；或是顧客無可奈何地接受長時間等待，供給者則是付出高昂代價，以快速進行生產。

幸好另有一種更高明的方式。討論至此，我們已準備好檢視這個方式。

航空業的新做法

航空業提供的商品非常簡單——飛越空間的座位。這項商品有兩個特性：

第一，產品無法儲存。每班飛機一滑離登機門，任何一個空位都代表營收損失。啾一聲！鈔票無影無蹤[9]。第二，飛機乘客可以概分為兩種類型。一類非常重視價格，不在乎是否準時到達目的地以及所耗用的旅行時間。事實上，他們願意在出發前許久就先預訂機票，以換取低廉價格。另一類乘客則非常在乎準時和是否耗用時間。這類乘客的飛行計劃經常會變化，

無法於出發之前先預訂機票。他們通常也較不在乎價格。

　　有些乘客固定屬於第一或第二類型。但大多數乘客則是視情況，有時屬於第一類，有時屬於第二類。如果是自費旅行，我們通常尋找低價機票，即便是在三更半夜或清晨起飛，必須迂迴轉機，或在幾個月前就先預訂。但商務旅行時，因為有公司或客戶替我們付機票，或是我們認為生意值得這趟飛行，我們就會很在乎起飛時點、全程的飛行時間，以及訂票的最後期限，即便價格較高也不介意。

　　各航空公司從很早之前即努力研究空位問題，思考如何以不同訂購時間點區分票價，讓每個航班都滿座，創造最高營收。1979年美國航空業解禁以來，航空公司得以運用電腦系統，機動調整機票價格。每家航空公司都根據市場狀況，頻繁調整票價，再依據顧客預訂機票的時間，定出不同價格。也就是說，愈早訂購機票，價格愈便宜；更改班次則必須另收手續費。

　　多數航空公司以跳躍方式區別票價。二十一天前購買機票是一種價格，七天前購票則價格稍高，起飛前購票價格更高[10]。同時，航空公司頻繁調整價格，使「收益」（yield）最大化。航空業所謂的「收益」，指的是每個座位每飛行英哩所創造的營收。

　　近來，新加入市場的航空公司，由歐洲的易捷航空（EasyJet）帶頭，採用真正的動態訂價系統，使乘客能在三個月之前，以非常低廉價格購得機票（並非每一航線的機票一開

始發售時都等價，因為上班日的機票需求大於假日，大型會議期間的機票需求也異於平時）。然後在訂票系統中，根據售票狀況，價格會以複雜的數學演算法逐步遞增。這套訂票系統的目的在於使飛機班班滿座，創造大於邊際成本（marginal cost）的最大營收。航空業所謂的邊際成本，指的是每增加一位乘客所耗用的食物和油料。

無法在出發前事先訂機票的商務旅客，時常批評這套制度。的確，在最後一刻才發現必須搭飛機出差，卻又沒有人付機票錢，旅客難免口出怨言。但是，對於無法儲存的商品來說，這套訂票系統卻能解決實際問題。同時，這套系統也能滿足同班飛機、同級座位的兩種不同乘客：在乎價格且能事先籌劃行程的乘客，以及在乎時間卻無法事先籌劃行程的乘客。價格敏感型的乘客，如果事先跟航空公司確定行程，可以用低廉價格購得特定航班機票；相對地，飛機即將起飛才購票的乘客只能買到高價票。

航空公司根據電腦統計結果，可以相當準確預估有多少乘客會在最後一刻買票。因此，航空公司能為這些座位訂高價格，以便飛機起飛前仍有幾張機票可賣。對於商務旅客來說，這種售票方式相當重要，可以讓他們在最後一刻順利搭上飛機，而有機會談成生意。因此，航空公司如能為少數這類旅客保留幾個座位，將有助於建立起旅客對公司的忠誠度。

近年來，由於各航空公司的營收數字普遍不佳，再加上大家還是認為，同航班的座位不論何時訂票，價格都應該相同[11]。

因此，「需求管理訂票系統」（Demand-Management Model）剛推出時，業者都覺得相當突兀。但經過些微修正，這套訂票系統既能滿足不同需求的顧客，也使航空公司的商品更具多元性。

供應商預留立即供貨空間

我們曾經討論過，在可預見的未來，複雜商品顯然無法立即滿足每一位消費者的需求。但是，在競爭激烈的航空業，為何一個按照購票時間訂價的模式能改善狀況？所謂「改善」指的是在雙贏關係中，消費者朝較低的消費總成本方向移動，供給者則朝向較高利潤的方向移動。

接下來，我們由三個實質面進行解析——這些解析適用於許多商品供給者。

第一，只要能預先規劃[12]可能會在最後一刻送來的訂單的產能，而且不超過總產能的固定比例，生產線就能應付許多小量的即時訂單。

第二，不論供給者的生產規劃如何完善，快速交付按訂單生產的產品，仍將付出較高成本。因為這必然攪亂生產程序，而且必須向供應商緊急調用所需材料，並快速將成品送至顧客手上。

第三，其他按訂單生產且能較慢交貨的商品，成本則較低。因為生產廠商能進行縝密規劃，並安排上游供應商適時交付材料。

豐田汽車將這三項觀念稱為「平準化」（heijunka）。即是將產能和多項產品平均配置於區段時間，使整個生產作業能以穩定的節奏流暢運轉，而不是持續應付暴起暴落的需求量和變化多端的產品項目。總生產量和產品項目如果不時變動，將增加多種成本，包括加班費、備用材料、設備損壞（因為沒有時間進行日常性維修）、產能超載，以應付暴增的需求量。運用簡單的平準化方法，可以大幅度節省這些成本。

現在，讓我們由現狀向前邁出一步，以汽車生產為實例：

假設汽車經銷商除了展示車型的樣品車、數輛出租車，以及幾輛行駛公里數很低的回購車，沒有任何一輛庫存車。

再假設車商提供顧客下列兩種選擇：

A：顧客指定所需的車型和配備，並於若干日後交貨；交車期愈長，價格愈便宜（如同購買機票時，愈早訂購價格愈便宜）。

B：顧客指定所需的車型和配備，並要求最快在三至五天內交貨，但價格高出正常交車期的車價甚多。如果連數天也不能等（例如顧客的車子全毀），可以租用車商的代步車，直到新車交貨。

兩種訂購方式的交車期都事先約定──或許三天，或許六個月──價格將依交車期長短而不同。我們先前曾提及，事先規劃可以節省供給者的生產成本，只要車商如期交貨，也不會造成消費者的不便。如果消費者目前無車可用的話，也可以租

用車商的車代步。

　　同等重要的是，在計劃生產中容許插隊——即在同一供給制度中，兼顧預訂與即時交貨兩種訂單類型——使供給者得以同時滿足這兩種顧客的需求。這套制度可以讓顧客不受干擾，不需要進行特別交易，也不必忍受不確實的交貨期。此外，更有助於改善像戴爾電腦這類標榜即時交貨公司所面臨的問題：只能給顧客一個選項。此外，這套制度藉由平均分配產能、不需催促供應商交付零件材料等優勢，生產者得以大幅節省成本，按照顧客訂單生產每一項商品。這解決了長期困擾戴爾電腦的兩大問題。如果汽車商接受更多客製化的訂單，也會面臨同樣的問題。

　　航空公司購票系統中包含一項特色，即是確認交貨時點——也就是搭飛機那天——並根據乘客多久之前訂票，而有不同價格。對於多數商品而言，確認交貨時點——願意等待的期間——並據此決定商品價格，是更具有意義的。這兩種消費的基本觀念完全相同：消費者事先將自己的消費計劃通知供給者，以交換低廉價格。

　　如果汽車業也採用這個方式，每輛車都在顧客下單後生產。如此，將不會有庫存成品車（代表600億美元持有成本），也不會有沒人要買的折扣車。更令人振奮的是，車商再也不需要強力促銷，說服消費者購買並不那麼想要的車子——只因為車商恰好有一輛這型的庫存車[13]。

　　其他商品也能達到相同結果：鞋店沒有庫存鞋——除了展

示鞋之外——客戶訂購某款鞋子，明天交貨是一種價錢，數星期後交貨則是另一個價格。電子商城再也不會有DVD庫存、平面電視庫存、筆記型電腦庫存。店裡只有展示商品，以及隨著交貨期變動的價目表；基本上，時間價值與商品價格是相對的。裝修廚房包商也可以根據你的需求緩急調整價格：立即裝修的價格較高，預約裝修的價格較低。即便醫院也能提供病患選項：立即動手術價格較高，預約動手術價格較低。

創造另一種型態的供給溪流

　　思考這個觀念的時候，不可避免地會想到諸多問題。然而，癥結都不在顧客身上。

　　如果供給一方是傳統零售商或傳統製造商，問題即在於供給者，尤其是供給溪流中勞務與人力運用的問題。

　　現今的零售商們認為，自己是消費循環中的一個環節。零售商根據臆測進貨，並說服顧客購買或許並不真正需要的庫存商品，藉此創造適當利潤。也就是說，零售商重視銷售技巧以便「促約」，並藉助廣告和折扣活動進行多種促銷活動。

　　製造商則認為，自己應該盡力揣測顧客確實需求的商品，並充分利用產能製造這些商品，將調和供需的工作交由零售商去處理。也就是說，供應商重視是否達成預期銷售，而且經常給予銷售團隊誘因，或提供零售業者優惠，以達成預期業績。

　　在精實消費世界裡，上述工作完全是不必要的。價格較高

的商品，零售商沒有成品庫存；供應商則根據需求和資產運用狀況，事先調整價格。因此，零售商和製造商都必須調整過去的心態和做法。事實上，他們必須攜手合作，然後再與最終消費者合作。

我們再以買車為例，看看精實消費運作的實際狀況。本章先前提過的例子，顧客向經銷商要求，希望在一年後買輛休旅車，業務員不願意和他談。在實施新供給方案後，業務員願意聽顧客的說明，而且雙方交談的時間相當簡短，因為業務員不需再大費唇舌。

顧客只需試駕展示車，確認這款車符合他的需求。然後參考生產廠商的價目表（價格並非由經銷商控制），挑選配備，決定交車日期。整個過程只需幾分鐘，而且氣氛融洽。車商現在與顧客有了共同目標，因為洽談耗用的時間與銷售佣金，與服務專員——現在不能稱為業務員了——處理顧客需求的方式，完全無關。

但是，說服經銷商採用精實銷售方法可能會遇到一些問題。新的銷售方式將使業務員沒有多少事可做，車商也不再需要執行大多數的傳統工作，如往來運載庫存車、促銷庫存過多的車款、每一筆交易都說服顧客簽署售後服務契約，加購車商提供的配備，甚至加塗假的防鏽底漆[14]（undercoating）等，盡可能增加營收。

對此，汽車經銷商應該怎麼辦？一是順勢而行，接受新觀念，認知將來零售商的工作只是單純接收新車訂單和買賣二手

車，所以員工將減少、不動產將減少、投資金額也隨之縮減。
將目前的經銷商經營型態轉型，進行人員調整、資產處理，甚
至轉投資其他事業。轉型的過程必然痛苦，尤其像這類徹底的
轉型。一旦完成轉型，消費者的感受將更佳，車商則發現時間
更充裕，資產也得以重新配置。在整個供給消費過程中，每一
個人都是贏家。

　　另一個較容易為汽車經銷商接受的方式，即是資產重新配
置，以推動精實服務，如第4章所述。如此，顧客將一輩子只
與一個經銷商交易，不再發生目前普遍存在的情形：向甲經銷
商買車，然後去乙經銷商或其他修車廠修車。車商與顧客將因
此建立長久合作關係，顧客持續向同一車商購買相關產品的機
率也大幅增加。此外，車商也能運用精實服務程序，進行檢
驗、升級或買賣二手車。如此，經銷商只要售出一輛新車，在
這輛車的有效使用期限內，即能與歷任車主保持生意往來。

給予消費者真正的需求

　　我們已充分說明，在供給者可以賺更多錢、員工工作更輕
鬆的情況下，消費者可以適時適地獲得自己的真正需求。但
是，唯有經理人認真推動執行，這個美景才有可能成真。所
以，我們現在必須將注意力從精實供給和精實消費原則，轉到
創造精實供給溪流的挑戰中。必須特別注意的是，在創設平穩
的供給溪流時，經理人所扮演的角色以及運用的策略。

第 **8** 章

精實供給的挑戰：
經理人角色

假設我們是個供給者，真誠希望為消費者做對的事。也就是說，我們希望能在消費者想要的時間、想要的地點，提供消費者真正想要的商品，全盤解決他們的問題，而且不會浪費他們的時間。我們更進一步假設，能做到上述這一點，事業就會相當成功，有相當的利潤，市場佔有率也得以提升。要做到這個假設，我們需要讓平穩的供給溪流與平穩的消費溪流相配合。如此一來，即可在更多面向上為消費者創造更大價值，節省每個供給者的成本。

但是，如何實現這個美景？

策略和財務面不可或缺的流程思考

即便可以運用跨功能團隊及矩陣組織管理，以凸顯顧客需求，目前眾多企業仍執意採內部導向，而且非常重視分工。他

們藉由緊密結合的眾多部門，如業務、行銷、研發、財務、人事、營運、資訊科技、品管等，以管理知識、資產和人力。這些部門都垂直指向企業組織圖的最上層——執行長和營運長。

相對地，聽取顧客意見和傳遞顧客想望價值的流程，卻在各部門間橫向運作。這些流程不只在組織內運作，而是在一連串的組織間傳遞，流程包括：快速消費性產品的零售商、批發商，以及生產廠商；美國健保組織（Health Maintenance Organization, HMO）的特約基層診所、能提供特殊治療的大型醫療中心、醫療設備供應商以及藥商；旅行業中的航空公司、外包維修公司、機場營業員、飛機製造商、租車公司。我們已觀察到，各個分工部門、公司之間非常難以與消費者做水平整合，真正解決消費者的問題。

觀察目前以創造價值為主的企業領導人，即不難理解何以我們尚未對這個問題做進一步討論。近幾年，為了做研究，我們與許多企業執行長與營運長接觸。我們發現，許多企業的高階領導者都擅長策略思考或財務思考。不論屬於哪一個類型，他們都認為用自己企業的角度觀察問題，最為容易。

策略思考型的高階領導人，經常尋思如何運用公司現有的資產、知識基礎、區域分布，來服務顧客，並創造利潤。他們經常把時間耗費在出售不再具有效益的資產，包括舊經理人和舊事業單位。或是購買對未來有效益的資產，包括新經理人和新事業單位。這些高階經理人認為，企業用來解決消費者問題的價值創造流程，只不過是細節罷了，由各個分工部門來處理

便行。

相對地，財務思考型高階領導人，則不斷尋思如何適當配置公司資產，以供各事業單位及部門充分利用。近幾年，由於績效指標的創設，充分利用公司資產成為企業最優先考量的項目。但與策略思考型領導人相同，財務思考型領導人也認為，正確定義顧客價值與價值創造的流程，屬於分工部門的工作。這類高階經理人認為，只要計分板上顯示每一項資產都被妥善利用，他們就已完成任務。

訪談各企業時，我們經常問，較佳的指標如何導致較佳的價值創造流程。例如，如何運用代表流量的存貨週轉率以及代表產品品質的客訴比率，來改進績效？尤其是在員工無法與顧客面對面接觸的狀況下（有時隔著一家甚至數家公司），在無法獲知消費和供給流程的情況下（整個流程經過許多部門），以及缺乏指導原則來引導改善的情況下，這些指標如何改進績效？

簡要地說，即是多數企業都少了一個「程序長」──一個位於組織高層的人，運用流程思考，負責定義主要的價值創造流程，並持續改進價值創造流程。這是一種逆向作業，完全以顧客的觀點來思考，同時重新思考公司努力的方向。

我們向高階經理人說明這些意見時，常聽到的回答為，他們的企業已有流程改良部門，這個部門有時稱為品管部門，有時稱為程序改進部門。這個部門負責執行國際標準組織驗證（ISO）、六標準差（Six Sigma）活動，或精實流程，最近則流

行結合精實流程和六標準差。後來我們發現,這些部門只對單一錯誤流程做點狀干預,而且經常以所花費的金錢除以節省的金錢,做為績效衡量標準。他們鮮少以最終消費者的觀點,觀察消費流程和整個供給流程。只就瑕疵步驟進行點狀改良所導致的結果是,最終消費者和企業都沒有獲得利益。就算達成改善目標,利益並不會持續太久。

我們發現,世界各國許多企業都處於這種狀況,因此決定尋求另一種解決之道。

精實領導引領精實轉型

簡要地說,定義並維護一家公司的核心供給流程非常重要,不能分派給他人處理。企業的最高層應有人擔負這項工作,扮演領導者的角色,以確認整個供給流程的定義、確實維護,以及持續進步。這個人應該是誰?

執行長當然是最佳人選。事實上,我們期許未來的執行長能在思考流程問題方面展現絕佳的能力。但是執行長通常非常忙碌,他們必須思考各個面向的策略,與董事會和股東溝通,考慮接班問題及人才培養計劃。我們只見到少數執行長,例如美鋁公司(Alcoa)的保羅・奧尼爾(Paul O'Neill)直接負責這項工作,因此執行長兼任程序長的方式似乎不太合乎實際。

由營運長擔負這項工作似乎較恰當,因為「營運」和「流程」的同質性較高。我們確實期望未來的營運長,能學會檢視

企業的每一個價值創造流程，以提出正確的問題，並向經營者提出適當的建議。不過，企業的營運長也是大忙人。他們必須思考如何在企業體系中創設強而有力的事業單位，強化組織內各部門的功能，督導各事業單位的關係，以及各部門的相互運作狀況。企業體轉型為流程導向，營運長固然是最佳的發動者，但營運長必須另外找人主導這些事宜，並經常變更機制給予協助。

我們相信，希望落實精實供給以支持精實消費的企業，最好能創設一個小型的、跳脫原來組織架構的團隊。團隊領導者必須具有相當潛能，並有流程思考的傾向，位階比執行長和營運長低一層。這位精實領導者必須以消費者的觀點，評估企業的價值創造流程，探尋供給和消費應如何順暢連結。這個人必須懂得聆聽消費者的意見，以取得正確訊息。此外，至少在起始階段，這位精實領導者必須無視於企業現階段的運作方式。企業與供給溪流的外部零售商、服務機構之間的關係，與上游供應商之間的關係，以及傳統的內部運作流程，都必須重新檢討。

這是項高度策略性工作，因為精實領導者的結論極可能是：企業的組織結構必須改變，甚至企業在整個供給溪流中的地位必須改變。我們在此將阿弗雷德‧錢德勒（Alfred D. Chandler）的名言：「結構追隨策略。」[1]修改為：「結構追隨流程，流程追隨策略。」也就是說，先界定價值，然後界定能創造價值的流程，再創造能運作此流程的組織架構。

　　我們以一個實例進行說明。想想特易購如何重新思考自身
的核心流程——運用一個跳脫組織的小型團隊——以適時適地
滿足顧客需求。這個團隊很快地達成結論：特易購必須進行組
織改造，以創設全方位零售體系，並整合供給系統以支持這個
體系。這項決定包括收購許多便利商店，以填補零售體系的空
缺；開設中型購物中心，使整個零售體系得以完整；嘗試網路
購物服務，以達到成本效益。這項決定也意味著，特易購和供
應商之間的關係必須改變。特易購要求廠商，即時生產顧客訂
購的商品。相對於行之已久，根據揣測儲存大量商品的做法，
特易購的新措施引起相當震撼。

　　精實領導者如何負起責任，引導這些工作[2]？

　　首先，他必須要有一組人，人數不必多。我們經常看到執
行長、營運長、策略副總裁，為了執行某項複雜策略，雇用大
批人馬。其實，精實方案的領導者只要能充分與高階經理人溝
通，加上幾個具程序思考技巧的助理，而且這些人不陷入傳統
運作方式的窠臼，就能快速了解目前的營運方式，提出變革的
方法。

　　其次，如果一家公司針對不同商品、不同顧客，擁有數個
供給溪流；引導精實轉型的領導者或許需要委派專人，負責每
一條供給溪流。這些有潛力的「副手」位階在精實領導者之
下，目前可能擔任部門主管。他們除了帶領流程評估團隊外，
還必須同時兼顧目前的部門工作；或是這段期間賦予權責，全
心帶領分析團隊。要求某人全權負責，並說明這項工作是他職

場生涯的重要考驗，這樣做有其必要性，因為可以使高階經理
人和所有員工都了解，精實轉型至為重要。

精實轉型方法

　　精實轉型團隊領導者，僅靠少數幾個隊員支持，如何完成
任務？最關鍵的步驟即是繪製一張現行實際作業圖——包括消
費溪流與供給溪流。繪製這張圖的唯一方法是，實地走一趟整
個流程，與消費者及每一個部門、每一個參與流程的公司對
談。我們先前曾數次提及，最有效的巡看方式，即是邀集與流
程運作相關的經理人、各事業單位經理人、外部公司經理人，
一起從頭到尾走一遭。

　　現行流程如何運作？雖然每個個案略為不同，卻都具備數
個基本共同特點：

- **清楚敘述供給流程的目的，即顧客希望獲得的價值。**這也
  是任何　家想要回收投資、生存及發展公司，必須達到的
  成果。企業若想長期經營，每一個供給流程都必須達成這
  個目的。

- **建立績效指標，衡量目的是否達成。**例如，衡量現行流程
  是否能適時適地正確供給顧客所需——比方說，顧客前往
  商店購買某商品時，該商品是否在貨架上。或是衡量供給
  流程徹底解決問題的程度：顧客必須打幾通電話到服務

台，服務人員必須打幾通電話，才能使顧客獲得期望的價值？或衡量達到某個服務水準所耗費時間及存貨成本。這些指標能明確呈現，員工耗費了多少時間，整個流程耗費了多少成本。然後，將流程耗費的成本，並與顧客願意支付的代價相比較。最後，註明從不及格到及格還有多大差距。

- **記錄流程中消費者與供給者的每一步驟**，這裡的技巧在於，直接觀察，記錄真實發生的，而非應該發生的步驟。任何組織裡，計劃中的流程與實際運作的都會有一大段落差，記錄這些落差其實具有極大的啟發意義。要重新思考流程，如果只記錄計劃中流程，反而比記錄後用不上更糟糕。

- **評估供給流程中的每一個步驟，檢視是否為消費者及供給者創造價值**。運用以上得到的數據進行統計，計算出創造價值的時間佔整個流程時間的比率、創造價值勞務佔所有勞務的比率，以及創造價值費用佔總費用的比率等相關數據。

以簡短文字敘述供給流程的目的；設計數個指標，評量是否達到消費者和供給者的需求；繪製一張簡圖，使每一個人對整個供給流程一目瞭然；這些都是必須先完成的步驟。這些步驟的用意在於根本改善供給流程——不僅是敘明流程，問題是如何改善流程。

　　針對這個問題，我們必須考慮執行流程與達成目的的另一個要素：人。話說從頭，組織進行流程再造已有相當長的時間，其中最著名的是源於美國的企業流程再造運動（Business Process Reengineering, BPR）[3]。回顧這項在1990年代如火如荼的運動，幾乎徹底失敗。只有少數真的再造成功，其他大多數經過再造的流程，待再造團隊一離開，即回復原來的模樣。

　　再造流程遭逢困難的原因相當簡單。在流程中執行價值創造的人，只有下列三種條件都齊備時，才能做好工作：能了解整個流程；能了解整個流程的邏輯，並同意變革的需要性；相信新流程具有優點。要達成這三項條件，必須由當事人參與現行流程的分析，並參與新流程的規劃工作。

　　要達成這三項條件並不容易。通常，雖然到最後整個流程的基本架構不變，但流程中許多步驟必須被刪除。更常見的是：為了確實達成顧客的期望，必須進行整個流程的根本改造，甚至牽涉到多個組織。不論是哪一種情形，流程再造對於目前的工作內容和組織分際都具有破壞性。

　　要想處理這些問題，管理階層必須從一開始，就做成若干簡單但重大的決定：冗員如何處理？如何重新思考並界定工作內容？如何落實並詮釋組織變革？高階管理階層必須自行做成上述決策。但我們認為，任何企業或組織運用下列方法，將能做出最佳決策：

● 運用節省下來的成本和勞務，發展新生意，以吸收過剩資

源。例如，美國的傑佛遜領航家保險公司（Jefferson-
Pilot），重新改造它的客訴處理和指派保險代理人流程，
成果是每年增加70%的新生意。業務擴增的意義為：新的
且有效率的流程，吸收了原本在舊的無效率流程中工作的
所有員工[4]。

● 如果不能達成上述皆大歡喜的結局，而且公司必須撙節成
本才能繼續生存，務必一開始就說明真相。無論如何，絕
不能說謊。切勿陷入折磨人的再造過程：每次流程一有改
善，就先資遣幾個人，並暗示這是最後一輪資遣作業。這
樣做，員工將以精細的破壞行為，反制轉型，使新流程的
效果愈來愈差。大家應該還記得呆伯特（Dilbert）系列漫
畫，其中的主角逃避任何責任。這正是1990年代美國各企
業進行組織再造的微妙現象，如今已是舉世皆然。任何公
司有相當數量的呆伯特型主管和員工，再佳的流程再造還
是會徒勞無功。

● 對於其他共享價值溪流的公司，也必須以同樣方式進行再
造。或許每一個人都能保住目前的工作和職位。或許現有
的合作公司還能執行目前的工作，而且執行得更好。如果
是這樣，當然很好。但如果分析價值溪流的結果顯示，設
計出較好的運作方式後，將刪減合作公司的大部分勞務，
甚至刪減整個公司的合作（我們將在最後一章舉出幾個震
撼的例子），也必須告知實情。

　　具備目的、流程，以及眾人的理解之後，即可重新思考價值溪流，使供給者能以較低成本，滿足顧客真正的需求。但應該如何進行？顯然應該合併參考精實消費和精實生產的原則[5]：

● 徹底解決消費者的問題。
● 極小化消費者的總成本（包括時間、精力和支付的金額），以及供給者的總成本。
● 提供消費者真正的需求。
● 適地提供價值。
● 適時提供價值。

　　做法為：

● 確認價值溪流能創造價值，並移除所有的浪費步驟。
● 將其他步驟彙整於暢流中。
● 讓顧客在這個系統中施拉力，獲取價值。
● 同時追求完善。

　　簡要地說，這些做法的目的，在於評估整個流程是否能達成預定的目標，並在必要時重新整合流程。

實地運用

　　我們來描述一個精實轉型團隊運作的情形，以具體說明上述做法。假想的個案是販售居家修繕用品的快速消費性產品公

司，我們為它取名為「大賣家」，如北美地區的家得寶、勞氏，或英國的特力屋。請注意，下列敘述只是舉一個例子說明轉型方法，並非針對某特定公司的建議方案。

大賣家穩定成功地營運數年後，市場佔有率和獲利突然開始同步下滑。執行長和營運長認為，公司目前的營運模式已達極限，必須全盤重新思考。首先，他們調整某位表現傑出副總裁的現行職務，給他三個月時間，分析公司的供給溪流和消費溪流。

這位「價值溪流領導者」帶著他的團隊，第一步即是進行實地測試，體驗購物消費流程。他們在自家店裡購買一籃子典型商品，也去相同經營規模的競爭對手店裡購物，然後再去鄰近地區的小店購物。這些小店在大賣家還沒有進駐之前，是居家修繕商品的主要供應者。他們也從自家公司和競爭對手的網站上購物。此外，他們前往商店購物時，要求店員給予建議；也打電話到服務專線，測試是否能獲得協助。

接著這個團隊來到自己及競爭對手的店裡，和顧客聊天，了解顧客希望解決什麼問題，以及哪家公司和何種經營方式能真正滿足他們的需求。

果不其然，團隊發現同一個顧客在不同時段有不同的需求情境。在鄰近五金店購物的消費者，通常重視時間甚於價格，而且比較重視老闆是否關切、是否有足夠知識幫助他們解決特殊問題。線上購物的顧客更重視時間。相對地，開車去大賣場購物的顧客則重視價格，對於商品的知識較充分，而且一次購

買的商品項目較多。

我們之前曾提及，顧客類型並非壁壘分明——高收入相對於低收入；家庭主婦相對於上班族；年輕人相對於年長者。而是同一顧客在不同時段有不同的消費情境——輕鬆悠閒、匆忙，或者急迫。多數消費者偶爾都會在這三種情境中轉變。

由於每家企業通常只會經營單一形態的店（不是大賣場就是小店），因此無從知道消費者對於居家修繕商品的全部購物方式。如果某家公司嘗試經營數種規模的商店，並發行會員卡，也只有某一群顧客經常使用會員卡。這些顧客通常都是小型裝修承包商，他們會到同一家店，購買當天或這星期需用的物品。簡單地說，當前的情況如同陌生人向陌生人購物。

根據顧客在不同情境下的購物需求，團隊可以輕易地界定供給者的目的——擴增銷售量並持續增加利潤，以改善目前銷售量和利潤同步下滑的現象。

一旦歸納出消費者和供給者的目的，即可勾勒出每種經營規模的消費與供給流程；並根據滿足顧客需求的程度，分別評定各種經營規模的績效。團隊選用簡單的繪圖法，並列出每一種經營規模的消費步驟，並由左至右展示整個流程（請參見圖表8-2）。

這三種購物選項的相關數據，統計於圖表8-1：

從圖表8-1可以得知，購買居家修繕商品以線上訂購耗用的時間最少，而且能獲得最多資訊；但如果希望快速收到商品，必須額外付費。相對地，前往大賣場購物價格最便宜，但

圖表8-1　居家修繕商品消費選項比較

	總耗用時間	總成本	購得率	商品總數	提供諮詢
大賣場	52分鐘	45美元	80%	60,000	很少
社區商店	20分鐘	55美元	90%	10,000	有
網路購物	17分鐘＋延後收貨	45＋5美元	85%	60,000	有

耗用時間最多，而且獲得的諮詢最少，缺貨比率最高，但商品種類相當多。最後，社區商店的商品價位中等，耗用時間最少，缺貨率最低，獲得的諮詢最充分，但商品項目較少。

躍向精實消費

　　由於團隊希望服務每一種類型的顧客——顯然這是增加營收和市場佔有率的關鍵——他們探尋一個簡單但深入的問題：「公司要怎麼做，才能在每一種消費情境服務顧客，並創造利潤？」這個問題，正是先前的大量消費時代「自己動手做」（do-it-yourself）產業所問的反面問題：「如何找到『品類殺手』（category killer，編註：專業的企業，以低廉的價格，來銷售包羅萬象的產品，使其同業無法競爭）——即只用單一種經營規模，就足以創造利潤並服務所有顧客？」就是這個簡單的思維，創造了大賣場時代。

　　執行長和營運長對於團隊提出來的問題相當感興趣，但也知道一執行後，結果將讓許多部門陷入紊亂。譬如，大賣場公

圖表8-2　居家修繕商品消費選項圖

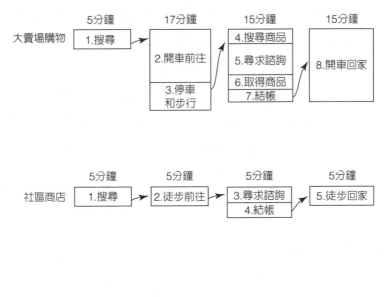

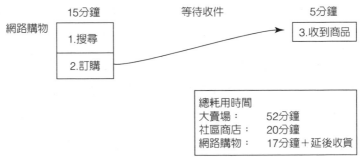

司如將經營規模多樣化，是否會對在大賣場中按部就班的眾多經理人造成威脅？財務專家是否也會陷入紊亂？因為他們最重要的績效指標是，每個開業一年以上賣場的銷售量成長率，畢

竟，開設不同經營規模的店，代表將吸走原來分店的顧客。認
為新店的顧客將完全來自競爭對手的店，是太過樂觀的想法。

　　為了避免公司內部保守分子的反彈，執行長和營運長決定
先將分析結果保密，直到確切決定將開設哪些經營規模的店。
他們要求團隊，針對顧客的每一種需求情境，研擬適當的經營
規模型態，並由供給面進行評估。於是探尋的問題成為：「如
何能提供每一個顧客想望的價值，同時增加公司整體的營收和
利潤？」

大賣場精實化

　　團隊檢視消費圖後發現，前往大賣場購物的價格敏感型顧
客，希望能在不增加價格的前提下，獲得更多諮詢，而且缺貨
率能更低。供給溪流應該如何改善，才能達成顧客的期望？

　　團隊繪製一張簡單的供給溪流圖（圖表8-3），檢視目前提
供顧客需求商品及諮詢的做法後，問題的答案就顯現了。

　　首先，大賣場每兩週向供貨商進貨一次，表示許多貨物必
須堆在顧客搆不到的高處。而且，新到商品必須利用晚上堆
貨，以免掉落砸傷顧客。此外，商品堆放在高處，表示許多貨
架上正缺的商品，賣場內其實還有存貨，只是沒有上架。所以
員工經常在營業時間四處找尋商品，以致沒有時間給予顧客建
議。

　　其次，大賣場的客流量並不平均——80%的營業額，集中

圖表8-3　前往大賣場購物

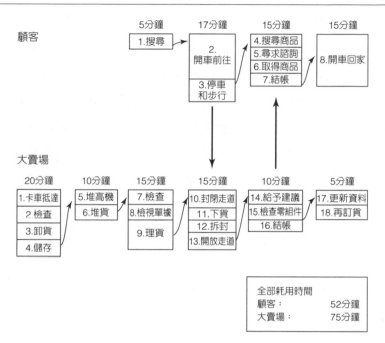

在早、晚兩個兩小時的時段中。為了因應利潤下滑，賣場經理最近縮減人事成本，用銷售技巧生疏的新進銷售員替代熟悉商品的資深員工。目前賣場內大多是年輕的兼職員工，年紀輕、缺乏產品知識，每天只工作幾小時，以因應尖峰時段的人潮。也就是說，賣場縮減人事成本之時也必須考慮，許多顧客會因為得不到適當的建議而覺得沮喪，甚至重新考慮是否應該對大賣場保持忠誠。

　　團隊很快地發現一個解決方法。賣場可以每天自配送中心補貨數次（如特易購的做法），補貨的訊號可以在顧客結帳、

掃描商品條碼時發出。傳統每週補貨的方式可以取消。

這種做法，必須改變傳統由供應商配銷中心送貨至賣場的方式。大賣場必須建立自己的配送中心，或自行自供應商處及進口碼頭處取貨，再直接轉運至各賣場。

這種完全不同的方式，需要投資大筆金額，以徹底改變大賣場的物流作業。但結果將是賣場裡的庫存商品大幅減少，無須再用高架儲藏，服務水準也能提升，因為每項商品都有固定的區位，而且頻繁補貨。人力運用的情況也獲得改善，可以在兩班制中平順地調配知識經驗俱佳的員工。這些員工不但有能力給顧客建議，也能在尖峰時段擔任結帳工作，並在離峰時段進行補貨上架的工作。

簡單地說，新作業方式可以改善大賣場的兩項缺點——缺乏諮詢及高缺貨率——並雇用受過完整訓練的員工、建立新的配送中心、減少賣場內的庫存商品和存貨持有成本。大賣場目前的存貨週轉率為5，亦即800億美元的年銷售額，須有160億美元庫存商品。未來，存貨週轉率將增加為24，賣場的庫存資金將減少120億美元，足夠興建自己的地區配送中心，還能綽綽有餘。

社區商店精實化

大賣場的美好未來相當肯定，卻無法為重視時間的顧客提供服務，因為大賣場的本質即是大營業面積，勢必遠在郊區。

也就是說，顧客必須開車前往大賣場購物，因而給予社區商店若干營運空間。但是，傳統社區商店面臨兩個問題：成本較高（也就是價格較高）且商品種類有限，通常不足以解決顧客的問題。團隊的下一個問題是：社區商店的供給溪流如何精實化，才能以合理價格供應時間敏感型顧客。

團隊繪製一張典型社區商店的供給圖（請見圖表8-4），包括它的補貨方式。這張圖顯示有若干新觀念值得研究。

最重要的一點是，社區商店和大賣場的價格差異，主要在於商品取得價格和運送的成本。都市內每單位面積的營運成本較高，固然是因為土地較貴及勞力運用較缺乏效益，但主要的價格差異，還是來自向供應商議價能力和運輸成本。

這項分析結果顯示，如果大賣場的議價能力和運送成本——藉由組成聯合運送體系——可以供給社區商店較便宜的商品，使得這兩種經營規模的店，在社區商店供應的商品上，售價、利潤率可以相當。這種方式，將解決社區商店的第一個問題。

另一個問題是，社區商店只能儲存有限商品。如果大賣場的新補貨方式，也能同時對社區商店進行每天一次或數次補貨，即能減少店內的存貨數量，以騰出貨架空間，容納更多項商品。這種方式，將解決社區商店的第二個問題。

團隊研究指出，如果採用聯合購買和併同補貨方式，經營數種不同規模的店，將形成綜效而非內部衝突。此外，分析結果指出，介於社區商店和大賣場之間，還有一個經營空間，可

圖表8-4　前往社區商店購物

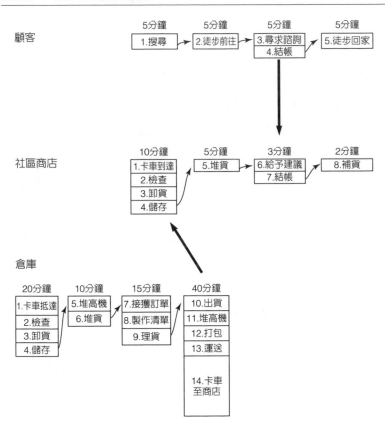

<table>
<tr><td colspan="4">顧客</td></tr>
</table>

全部耗用時間
顧客：　　　　20分鐘
商店：　　　　20分鐘
倉庫：　　　　85分鐘

以滿足顧客的需求並為公司創造利潤。

網路購物精實化

　　對於時間極度壓縮，無法往返商店購物，但卻願意多花點錢，並快速獲得商品的顧客，又該怎麼辦呢？大賣場就像世界上其他的零售店一樣，自1990年代開始試行網路購物，卻無法達成大量銷售並創造利潤。目前的網路購物，在每一個大都市設置倉庫，儲存供應商送來的商品，然後由卡車運送至顧客手中。如果繪製一張供給溪流圖，能否藉以導出改善方案？

　　團隊繪出網路購物的供給流程圖（請見圖表8-5），發現最大的問題在於，倉庫與大多數顧客的距離過於遙遠〔這就是為什麼網路購物進行利潤預估時，經常假設一個無法達成的「購買密度」（shopping density），雖然預設的購買密度能提高送貨效率〕。長距離送貨至分散各處的顧客手上，耗費甚多資源。而且倉庫進貨、出貨等，所耗費的人力成本也相當高。

　　團隊同時檢視大賣場、社區商店、網路購物這三張供給圖（請見圖表8-6），發現一個三者皆受益的方法。為什麼大賣場不能利用離峰時段，對社區商店進行補貨？為什麼不能讓網路購物顧客第一天訂購商品，第二天就能至鄰近的社區商店取貨，而且不另加運費？同樣地，如果顧客前往社區商店購物，卻買不到所需商品或商品缺貨，社區商店即可透過補貨系統訂貨，並在下一個巡迴送貨，或許當天就能補到貨。

圖表8-5　網路購物

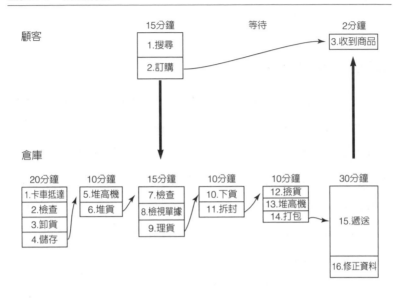

全部耗用時間
顧客：　　　　　17分鐘＋延後收件
倉庫：　　　　　95分鐘

圖表8-6　居家修繕供給統計表

	總耗用時間	總成本	供貨率	庫存量	訂貨頻率
大賣場	75分鐘	25美元	90%	2個月	2星期
社區商店及倉庫	20分鐘 85分鐘	35美元 --	95% 95%	1個月 1個月	1星期 2星期
網路購物	95分鐘	25美元	90%	2個月	2星期

　　根據分析，新構想還有另一個優點，即會員卡將發揮更大的功能。因為顧客現在可以在同一家公司的各種店裡，購得所有的家庭五金和自己動手做商品，同時顧客可以根據需求情境，選擇一種購物方式。統計會員卡的購物紀錄，即可分析出顧客住在何處、在何處購物、購買哪些商品，好將適當商品擺設在距離顧客最近的店。

從觀念到行動

　　分析檢視結果，團隊發現其中有許多值得一試的新觀念：

- 每天由區域配送中心向大賣場補貨數次，補足賣出的商品。
- 區域配送中心自供應商的工廠補貨，而不是自供應商的倉庫補貨，而且許多商品都是接獲訂單再生產。
- 撤除大賣場內凌亂的高架儲貨架。只使用低貨架，而且位置固定。
- 運用同一群具有豐富商品知識的人，執行貨物上架，給予顧客建議，為顧客結帳，並根據營運需要指派他們工作。
- 購買或設立社區商店，使消費者有更多選擇。
- 運用大賣場的離峰時段，對社區商店補貨。
- 運用大賣場的離峰時段，撿選網路購物商品，不需要再另建倉庫及另聘員工。

● 利用對社區商店的例行補貨機會,將顧客向社區商店訂
　購、但社區商店沒有陳列的商品,從大賣場送貨到店。
● 加強推行忠實顧客活動,鼓勵顧客向同一家公司的各商店
　購物。讓供給者和消費者成為共同解決問題夥伴,而不是
　陌生人。

　　上述這幾個觀念,可以依照執行難易程度和對於營收及利
潤的貢獻度,區分為四類。根據圖表8-7所示,高報酬的觀念
大都執行困難,低報酬的觀念則似乎較容易實施。

　　根據我們的經驗,多數由大量消費型態轉型為精實型態的

圖表8-7　精實轉型困難度與報酬率分類表

大賣場公司執行的難易度

	困難	容易
大	• 設立社區商店 • 整頓賣場,撤除高貨架 • 雇用知識豐富的員工	• 由配送中心對大賣場補貨 • 由大賣場對社區商店補貨
小	• 要求供應商按訂單生產	• 由大賣場處理網路訂單 • 舉辦鼓勵顧客經常來店購物活動 • 由大賣場供應社區商店未陳列的商品

（左側縱軸標示為「報酬率」）

公司，都遭遇這些問題。一般而言，轉型期間如果能達成一些較顯著的成就，比起全面性的成功，更為重要。因此，最好從抗拒較小的項目開始著手，以彰顯新思維方式的優點。然後，再著手實施困難度較高但利益較大的變革。

同樣地，改革範圍僅限於自己公司的話，會比較容易，如果牽涉其他公司，困難度將增加。因此，大賣場的改革團隊的建議，變更傳統由供應商倉庫對賣場補貨的方式，改為由自己的配送中心補貨，即是一項極大的挑戰，尤其是在大賣場公司與供應商缺乏互信的狀況下。這項變革事實上是所有轉型行動中最困難的一個。

創造精實消費溪流

經過徹底分析，研究團隊認為，應該是將觀念付諸實踐的時候了。如何落實由供給圖和消費圖衍生的觀念呢？最好的方式應是建立另一個型態的團隊，指派一個人擔任領導者，負責監督整個流程的落實。

將網路訂單由傳統倉庫供貨變革為由大賣場供貨，勢必將選任一個新的網路購物主管，在參考各方意見（包括顧客的意見）之後，繪製出新的價值溪流詳圖。我們曾多次強調一個重要觀念：要讓改造過的流程發揮功效，必須由消費者和供給者共同參與過程，了解新流程的邏輯，而且對於新流程有信心。精實領導者的真正考驗，即是成就這些條件。

　　這位領導者也必須是大賣場總部的網路購物主管，並且是
首席流程思考者。這位身負重任的人最好兼具兩種角色，在單
純的企業中他們應該能做到這一點。如果你所屬的企業相當複
雜，或許你將發現，主管無法同時兼任事業主管及流程思考
者。在這種狀況下，你必須自行判斷，哪一種人適合擔任哪一
種工作。

　　幸好，大賣場公司的網路購物轉型相當成功，為進一步實
踐精實消費觀念奠定里程碑。合理的下一步，即是對大賣場的
運作進行轉型，雖然這一步的困難度較高。執行這個步驟，領
導者必須更小心準備消費供給圖。在這個節骨眼上，領導者的
流程思考功能大於事業主管功能，而且會耗費兩年以上的時間
落實這個步驟。

　　這項轉型成功後，支持大賣場公司拓展多種經營規模店的
力量將轉強，使得供應多種經營規模店的配送制度得以順利進
行，還能夠設立「城市店」──經營規模介於大賣場與社區商
店之間的商店。這是精實轉型的最後一步。合理的完成期限，
應是自開始進行分析四年後。

持續精實領導

　　我們現已說明，如何在大量消費的產業裡落實精實消費的
戲劇性轉型的過程。這個轉型，與我們在《精實革命》書中提
及的革命性生產制度轉型相互輝映，可以充分滿足供給者與消

費者。

　　大多數的生命體進行的是「進化」，而不是「革命」。但大多數的供給消費溪流，則是在進化的過程中，逐漸失去大量消費時期的績效水準。原因不難理解：沒有人願意對瑣碎但重要的持續性工作負責，並針對消費和供給溪流持續進行改善。

　　因應上述自然現象，我們必須增加一個新角色，以配合流程分析團隊和轉型團隊。即是持續指派具有精實精神的經理人，前往每一個重要的消費和供給溪流進行督導。這個經理人可以是該項產品線的主管——理想的解決方案——並由流程再造部門給予技術協助，或是指派流程再造部門的人，持續監督每一條價值溪流。

　　不論使用上述哪一種方法，被指派的人最重要的工作，即是實地巡看消費和供給溪流，注意消費者需求的變化，根據目前狀況修改供給圖，評估並記錄績效。而且必須定時邀集與流程相關的每一個人，組成流程進化團隊，將供給溪流績效恢復至原先的水準，或更進一步，提升至更高水準。簡要地說，必須有一個人負責維護「每一個流程的計劃」，如同豐田汽車的經理人們對於汽車的每一個零件都有「零組件計劃」[6]；對於每一個員工都有「員工計劃」。

　　達到這個境地的重要工具之一，即是多年前豐田汽車研發而成的A3報告書（A3 Report）。管理團隊根據實地巡看每個人的作業情形，繪製出圖表，並分析出供給消費溪流目前最重要的問題。之後的重點在於清楚說明問題，分析導致問題的原

因，設想如何改善問題；以及指派給每一個人的特定改善事項，還要訂定改善事項開始和完成的確切日期。這些細節都記錄在A3報告書中，張貼在每一個與該流程有關的人都能看得見的地點。

我們以第4章討論的汽車服務業為例，做成下列A3報告書，請見圖表8-8。

顯然地，這只是戴明（Deming）著名的「計劃、執行、檢討、行動」（plan, do, check, act）[7]循環的運用，豐田汽車加以修正為「分析、落實、思考、調整」（analyze, implement, reflect, adjust）。這其中有一個非常重要的觀念：目前的狀況和改善計劃，並非品質專家或流程專家獨享的祕密。相反地，這些資訊屬於全體共有；因為眾人一起觀察目前的流程，共同研擬出改善流程，並將共同見證改善進程。

簡單問題與複雜問題

我們已討論過精實經理人的角色功能，即聆聽顧客的意見，發現他們真正想望的價值，並據此創設新的供給和消費流程，提供這些價值。如果一家公司的問題相當單純，這個工作就相對容易，雖然需要有相當的決心和承諾。

但如果價值溪流相當複雜，衍生複雜的問題，並牽涉多家公司，這時候應該由誰來主其事？在這種情況下，資源掌控在不同公司手上，而且可能擺在錯誤的位置，執行錯誤的工作。

現存的制度無法解決消費者的問題時，誰來提供消費者全新的選擇？這項選擇可能還包括新的事業模式。我們將在下一章探尋這個問題的答案。

圖表8-8　A3報告書

精實改善售後價值溪流

背景
- 汽車銷售出去之後，售後服務及修理汽車的比率非常低（55%），顧客覺得非常不方便。公司可以引入精實思考以增加利潤──改善售後價值溪流，以節省顧客50%的時間，以及節省公司30%的成本。

目前狀況
- 顧客回娘家修車＝55%（品質＝85%，準時交車＝65%）
- 預約修車：進場＝5天，取車＝8天，租車＝8天
- 完成修車時間：50%當天，25%兩天內，25%兩天以上
- 生產率（售出時數／工作時數，以平均值計算）＝88%
- 售出時數：15,000

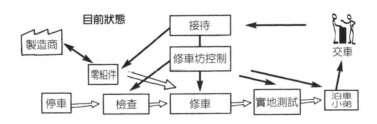

分析
- 判斷問題能力薄弱，而且顧客必須在進廠及取車時等候
- 未給顧客預估修車所需時間，導致顧客多次打電話詢問
- 進場車輛停車困難（沒有足夠空間容納待修車輛）
- 50%的車子需要另加修車項目，必須獲得車主同意──導致修車流程停頓
- 修車工作分配給各技師──技師必須等車輛、等零組件、等車主授權

圖表8-8　A3報告書（續）

目標
- 增加車輛回娘家的比率，同時增加公司獲利
- 顧客回娘家修車＝90%（品質＝100%，準時交車＝90%）
- 預約修車：進場＝隔天，取車＝3天，租車＝3天
- 生產率（根據修理內容）：定期保養0~2小時，140%；保養及修理 2~4小時，110%；拆卸、修理，95%
- 售出時數：20,000

建議
- 經由改進的預約流程改善目前的作業內容
- 車輛進場前先預診
- 落實0~2小時完成保養工作。根據顧客的需求，排定修車進度
- 建立零組件運送制度，技師不必耗時等候
- 發票不出錯，使交車流程流暢
- 停車場外移，以改善環境和車流

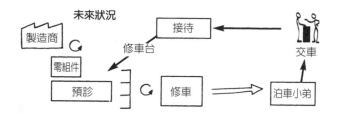

未來狀況

履行項目	負責人	評估
• 建立30分鐘完成回娘家車輛保養的制度	傑克	
• 建立由停車場取車的制度	鮑伯	
• 避免讓技師等候下一個工作	哈利	
• 避免等待顧客授權修理	史塔西	
• 建立零組件運送系統	喬伊	

第 **9** 章

提供我真正需要的解決方案：精實企業家的角色

　　我們討論的消費者問題都相當單純，只需一項或數項物品，或簡單服務，就可解決問題。例如，在適當時間適當地點買到所需的鞋子；出門一次可以購得一籃子完整雜貨；不必耗費精力即可修復汽車；有需要時可以購得電腦或汽車。

　　但有些問題相當複雜，需要許多項物品才能解決。解決這些問題困難度較高，因為必須合併運用屬於不同公司的資源，以滿足消費者的需求。由於難度高，消費者經常發現自己尋求的解決方案根本不存在。沒有供給者踏出腳步，滿足我們真正的需求。

　　在高動態經濟體系──全球市場目前普遍呈現這特性──我們似乎可以設想：如果消費者真有某種需求，供給者應該給予回應。但實際狀況並非如此。幾乎所有的供給者，都無法全盤解決一個普通的問題。因此我們設計出一個方法，系統性思考消費者的真正需求，稱之為「解決方案矩陣」（Solution

Matrix），我們將在後面章節說明。從消費者的真正想望開始，以逆向作業創設一個滿足消費者的供給程序。對於某個問題，想出較佳的解決方式並不難；問題是由誰來落實？

在前一章裡，我們將這個工作分派給企業內部的經理人，在仔細聆聽消費者的心聲之後，創設更好的供給程序以滿足消費者。但是，如果問題相當複雜，牽涉多家公司的多項資源，而這些資源又沒有正確配置以發揮功效，這時候又該怎麼辦呢？

更糟的是，擁有資源的人不願意接受挑戰，反而反其道而行，只想用最安全的方式行事，漠視顧客的需求，這時候又應該怎麼辦呢？這種情況相當多見，例如許多已發展國家的汽車經銷商，經由政治運作，立法保護現行交易制度。儘管消費者和汽車廠商抱怨連連，卻很難反制這些僵硬的法規。

真正解決問題，必須要有新的參與者拓展新道路。這些人正是企業家，他們的特色就是藐視任何以封閉資源阻礙進步的做法。事實上，企業家們喜歡經濟學家約瑟夫・熊彼得（Joseph Schumpeter）的名言：「以『創造性破壞風暴』（gales of creative destruction），掃除在錯誤地方及錯誤方式運用資產。」精實企業家所需要的是一種思考方式，探尋介於不滿足的消費者和現有資源之間的機會。如同前一章的內容在於導引精實經理人，本章的目的在於引導精實企業家，協助他們尋找上述機會。

解決方案矩陣

　　為了解企業家如何追求對於自己、員工以及顧客，最有利的精實服務，先再次複習精實消費原則：

- 徹底解決我的問題。
- 不要浪費我的時間。
- 提供我真正需要的商品。
- 適時滿足我的需求。
- 適地滿足我的需求。
- 減少我必須解決的問題。

　　我們可以將上述原則列在解決方案矩陣的上方，然後將現有選項列在左側，以觀察每一個選項是否符合精實消費原則（請見圖表9-1）。

　　如果有個現有選項，在每一個項目都獲得高分，那我們就不用再繼續研究。如果經理人能運作出最佳解決方案，企業家也不必再勞心費神。但我們卻經常發現，現存選項沒有一個表

圖表9-1　解決方案矩陣

| | 解決問題 | 不浪費時間 | 供給 | | | 簡化解決方案 | 成本 |
			需求	適地	適時		
現有選項A							
現有選項B							
現有選項C							

現良好。所以,我們必須擺脫一切限制——包括現有資源、目前的組織形態、現存的市場結構——以思索新的選項。企業家以開放的心態創造全新解決方案,經常能發展出令人驚訝的機會,得以同時造福消費者和公司。

　　陳述我們心中的最佳方式是,用幾個實際例子,檢視目前的解決方式選項,並尋求更好的解決方案。讓我們先以令人頭痛的商務旅行為例,尤其是坐飛機出差。

長程旅行的問題

　　假設我們必須在斯庫拉(Scylla)和卡律布狄斯(Charybdis)兩個中型城市之間商務旅行。這兩個城市充滿神祕和危險,是奧狄賽(Odyssey)極力避免前往的城市,但我們卻必須時常造訪。[1]

　　我們根據這個實例,將精實消費原則具體化,成為下列內容:

- 徹底解決我的問題。表示我和我的行李都能安全、準時抵達目的地。
- 不要浪費我的時間。所謂的時間,指準備旅行的時間,加上從出門到進門的時間,而不是僅指飛行時間。
- 提供我真正需要的商品。指有機位而且旅程舒適。
- 適時滿足我的需求。表示飛機班次頻繁,最好能根據我的

需求排班。

● 適地滿足我的需求。表示兩地的飛機場分別與我的啟程點和目的點都很接近。

● 簡化我要做的決策。表示提供套裝行程——包括機票、租車、旅館——並能從一個單點取得商品。

將原則具體化之後，下一步我們來檢視牽涉其中的公司和資源。這是一張驚人的名單：包括一家或數家航空公司（包括地勤人員和維修公司）、數個機場的營運人員、安全管制人員、空中交通管制系統、一家或數家飛機製造商、租車公司等。如果你不希望事必躬親，名單還包括數家提供套裝行程的旅行社。務必注意，上述龐大且昂貴的資源，通常由不同公司的不同經理人掌控。正如我們所以為的，他們聯合努力的成果，卻經常無法解決問題。

因此，經常搭飛機旅行的人，目前有哪些選項？

軸輻系統

傳統的軸輻系統（Hub-and-Spoke）航空公司是最普遍的選擇，如美國的美國航空（American）、聯合航空（United）、西北航空（Northwest）、達美航空（Delta）、大陸航空（Continental），以及英國的英國航空（British Airway）。

軸輻系統的邏輯與大量生產、大量消費的思維非常吻合。

大航空公司以大型飛機從小城市（斯庫拉和卡律布狄斯）的飛
機場啟程，經過兩個小時飛行，抵達大型機場轉機（轉運中心
通常鄰近大城市）。許多乘客及航班在這裡中途轉機後，然後
以放射狀方式飛往外圍的各個目的地機場。[2]

　　在1979年美國航空業解禁之前，眾人都認為這個飛航方式
能極大化飛機利用率，並極小化每英哩飛行成本。航空公司以
大型飛機飛航，因為他們認為大型飛機本身具有更高的成本效
益，還可以增加小城市的班次。但來自轉運航站營運者私底下
的議論，卻呈現迥然不同的看法。轉運中心（如達拉斯、辛辛
那提、亞特蘭大及其他數十個城市）和新利潤管理系統開始同
時運作，各家航空公司得以在各個轉運中心上建立穩定的勢力
範圍。在市場被控制的狀況下，航空公司希望能獲利；雖然有
新的競爭者不時威脅搶奪高利潤航線。[3]

　　軸輻系統最顯著的缺點，就是資產效能低（我們將隨即討
論箇中理由），以及供給者的成本太高。此外，這個系統大幅
增加乘客從出門到進門的時間，因為乘客必須搭兩次飛機（一
次進入轉運中心，一次從轉運中心到外圍目的地），才能抵達
目的地。而且，班機延誤，行李遺失的機會也倍增，浪費乘客
的時間和精力。結果不僅航空公司虧錢，乘客的旅途也不舒服
（請見圖表9-2）。

　　利用安排一趟從斯庫拉和卡律布狄斯的旅途，仔細檢視轉
運中心的運作。我們將上述步驟繪製成「轉運中心折磨圖」
（請見圖表9-3）。請注意，真正創造價值的時間──乘客前往

圖表9-2　旅客的消費步驟和所耗費的時間

步驟	耗用時間（分鐘）
1. 開車至斯庫拉機場	15
2. 在大停車場停車	5
3. 徒步至航站	5
4. 辦理登機手續	30
5. 候機（視辦理登機手續時間的長短）	20
6. 登機，等候全部乘客登機	20
7. 滑行至跑道	5
8. 在跑道末端排隊等候起飛	5
9. 飛至軸心機場	45
10. 滑行至航站	5
11. 下飛機	10
12. 穿過航站，走向登機門	10
13. 候機	20
14. 登機，等候全部乘客登機	20
15. 滑行至跑道	5
16. 在跑道末端排隊等候起飛	15
17. 飛至卡律布狄斯	45
18. 滑行至航站	5
19. 下飛機	10
20. 穿過航站，至行李轉盤處	5
21. 取得行李	10
22. 徒步至租車櫃檯	5
23. 搭巴士到遠處的出租車停車場	5
24. 取得租用車	5
25. 開車至目的地	15
全部旅行時間	**5小時40分鐘**

圖表9-3　轉運中心折磨圖

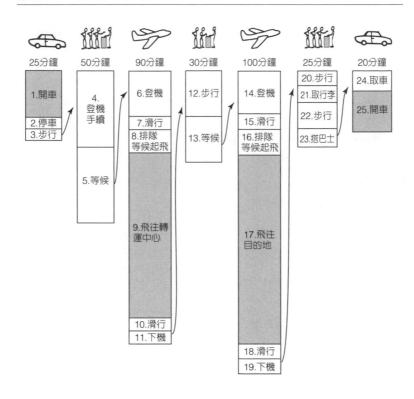

25分鐘	50分鐘	90分鐘	30分鐘	100分鐘	25分鐘	20分鐘
1.開車 2.停車 3.步行	4.登機手續 5.等候	6.登機 7.滑行 8.排隊等候起飛 9.飛往轉運中心 10.滑行 11.下機	12.步行 13.等候	14.登機 15.滑行 16.排隊等候起飛 17.飛往目的地 18.滑行 19.下機	20.步行 21.取行李 22.步行 23.搭巴士	24.取車 25.開車

某地的時間——以陰影表示，不到全部旅行時間的一半。

　　在轉運中心轉機，代表著——著陸並滑行，在乘客下機、乘客轉機時清潔飛機並補充燃油、食物，讓乘客登機，滑行，在跑到末端排隊等候起飛——這些動作所需時間超過一小時。因轉運中心要求所有的飛機大致在同一時間起降，以至於航站在航班空檔時冷清清，在尖峰時刻擠滿人潮與航班。

　　結果，班機平均每天往返轉運中心五次，停留五個小時以上。而且飛機只有在載滿由A至B，而且在C轉機的乘客，才符合成本效益。這兩項事實大幅減少航空公司的營收和利潤。而且，轉運中心的員工平均利用率也很低。因為機場必須雇用相當數量員工，以因應一天數次的尖峰時段人潮。

　　對乘客而言，軸輻系統的最大問題並非成本面，而是價格和服務。事實上，這個系統混淆了乘客搭飛機旅行兩個完全不同的狀況。對於重價格甚於時間的旅客，以及重時間甚於價格的旅客，航空公司提供同一種商品。航空公司曾經試圖解決商務乘客的問題，在轉運中心設置貴賓室，並給予經常搭機的乘客優惠（包括升級至頭等艙）。但事實上，兩類乘客仍然使用相同商品。

　　這已經夠糟糕了，但新利潤管理系統仍然以商務旅客為目標，大肆賺錢。商務旅客購買機票的日期相當接近搭機日，而且通常不會在目的地過週末。他們支付高價格，卻無法獲得他們最重視的價值——時間。[4]

　　我們把軸輻系統填入解決方案矩陣（請見圖表9-4），檢視它的績效。

　　結果顯示，此種軸輻式的轉運中心飛航方式從一開始就不獲商務旅客的青睞。然而，想要投入已是成熟期的航空業，其中還牽涉了重要的全國航線，雖然眼見轉運中心的業者紛紛退出另謀其他更好的方式，這仍是必要的代價。因此，企業家們實施新選項的步伐相當緩慢。

圖表9-4　解決方案矩陣：軸輻系統

	解決問題	不浪費時間	供給			簡化解決方案	成本
			需求	適地	適時		
軸輻系統							

點對點飛航

　　點對點商務飛行即是新的選項。實驗這項新措施最具代表性的為西南航空，由賀伯・凱勒赫（Herb Kelleher）於1971年創立。經過多年穩定的成功經營，近年已有多家航空公司如美國的捷藍（JetBlue）、泛飛（AirTran）、美西（American West）、邊境（Frontier），歐洲的易捷（easyJet）、萊恩（Ryanair）等採行這種飛航方式。這些航空公司大都是與出資企業聯營，以點對點飛航為主要業務[5]，確實節省了商務旅客若干時間。我們以飛航斯庫拉至卡律布狄斯為例，詳列其中步驟如圖表9-5。

　　我們並將點對點飛行繪製成「點對點飛行圖」（請見圖表9-6）。請注意，即使全部的旅行時間減少了約一小時，但創造價值時間的比率則大幅提升。

　　但是，目前的點對點航班對商務旅客仍然不太方便。因為這些航空公司仍然根據大量生產邏輯，計算出每個座位飛航里

圖表9-5　點對點飛航步驟及時間表

步驟	耗用時間（分鐘）
1. 開車至距斯庫拉最近的機場	45
2. 在大停車場停車	5
3. 步行至航站	5
4. 辦理登機手續	30
5. 候機（視辦理登機手續時間的長短）	20
6. 登機，等候全部乘客登機	20
7. 滑行至跑道	5
8. 在跑道末端排隊等候起飛	5
9. 直飛至距卡律布狄斯最近的機場	60
10. 滑行至航站	5
11. 下飛機	10
12. 穿過航站，至行李轉盤處	5
13. 取得行李	10
14. 步行至租車櫃檯	5
15. 搭巴士到遠處的出租車停車場	5
16. 取得租用車	5
17. 開車至目的地	45
全部旅行時間	**4小時45分鐘**

程數成本，於是使用150個座位的小飛機，如波音737和空中巴士A320。再者，他們了解密集班次對商務旅客才具吸引力，因此只在150個座位能滿座的兩個城市之間，開闢每天四或五個航次的點對點航線。

如此一來，飛點對點航班的城市數量相當少。因此，點對點飛航觀念雖然獲得採用，並減少了轉運中心的客運量，但乘客往來多數城市，仍然必須使用轉運飛航方式，或長距離開車往返有點對點航班的機場。最後，由於點對點航線的目標客戶

圖表9-6　點對點飛行圖

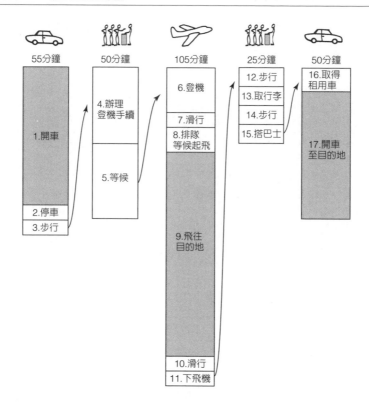

是價格敏感型客戶，因此只好盡量降低搭機舒適度──尤其是座位空間──而且，只在舊式大航站機場才有點對點航班。

　　也就是說，商務旅客幾乎忍受斯巴達式折磨[6]。此外，點對點航班逐漸增多，造成更多在航站等候以及在跑道末端等候的情形，降低了轉運中心的資產使用率及增加旅行時間。

　　圖表9-7為加入點對點飛航的解決方案矩陣。

圖表9-7　解決方案矩陣：軸輻系統與點對點航班

| | 解決問題 | 不浪費時間 | 供給 | | | 簡化解決方案 | 成本 |
			需求	適地	適時		
軸輻系統							
點對點航班							

私人專用飛機

　　當然，商務旅客還有一項更吸引人的選項，就是私人專用飛機。這種飛機可以按照我們的時間，在機場等我們登機，直接飛往我們想去的目的地，而且私密性十足。由於價格昂貴，除了極端少數的旅途外，很少人曾選用這種飛行方式。但以精實消費的觀點而言，這項商品具有若干特色，因此我們花一點時間來討論。

　　私人專用飛機，起降都在客戶家附近以及目的地附近的小型私人飛機場，而不使用位於城市週邊的大型商用飛機場。開車或搭計程車抵達機場，下車後只走幾步路就到了飛機停放處。登機後幾分鐘甚至幾秒鐘之內就起飛了，直接飛往目的地附近的小機場。之後有一輛車在停機坪上等客戶，載往目的地。

　　與轉運或點對點飛航方式相比較，搭乘私人專用飛機，只需耗費30%至40%的時間（請見圖表9-8），即可抵達目的地，

圖表9-8　私人飛機消費步驟及耗用時間表

步驟	耗用時間（分鐘）
1. 開車至斯庫拉的私人機場	15
2. 在飛機場旁的停車場停車	5
3. 通過小型固定基地營運站至飛機旁	5
4. 登機	3
5. 滑行至跑道	3
6. 直飛至卡律布狄斯	60
7. 滑行	3
8. 下飛機	3
9. 進入旁邊等候的汽車	2
10. 開車至目的地	15
全部旅行時間	**1小時54分鐘**

而且較不傷神。請注意，飛機飛行的速度其實是一樣的。差別在於轉運飛航方式必須轉機；而且前兩種飛航方式必須加上地面接駁時間和候機時間。

我們將搭乘私人專用飛機繪製成消費圖（請見圖表9-9）。請注意，創造價值的時間與旅客總耗用時間的比值為四分之三。

私人專用飛機是每個人真正想要的商品，當然，唯一的問題是價格。小飛機場和小航站的運作費用相對較低，但一架企業用飛機的價格動輒數百萬美元，而且每年大約只飛行三百小時，因此每座位里程成本相當高。而且飛機需要有經驗的飛航人員和地勤人員，人數加起來超過小飛機的乘客數。而飛行時間以外，這些人都閒置無事。即便絕大多數人都不使用私人專

圖表9-9　昂貴但接近完美的旅行圖

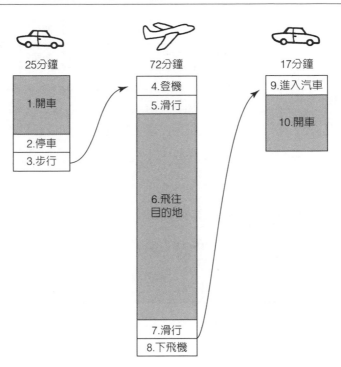

用飛機，我們仍將它列入解決方案矩陣（圖表9-10），以進行比較，而且在表中增列成本這個項目（請注意，成本是供給程序中每個因素的成本加總；價格則由市場決定）。

　　於「解決方案矩陣表：現有飛航選項」（圖表9-11）中，每一個項目我們都打分數。方格在橫線下面表示「劣」，方格在橫線上面表示「優」，最後加總每個選項的得分。結果，私人專用飛機在消費者時間和便利性方面得分最高，成本方面則

圖表9-10　解決方案矩陣：所有可能的飛航選項

	解決問題	不浪費時間	供給			簡化解決方案	成本
			需求	適地	適時		
軸輻系統航班							
點對點航班							
私人專用飛機							

圖表9-11　解決方案矩陣：現有飛航選項

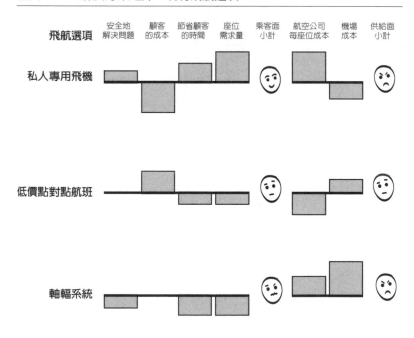

不及格（顧客的成本）。相對地，最符合成本效益的點對點飛航，在其他各項的得分都不及格。目前最廣泛使用、但快速萎縮中的軸輻系統飛航方式幾乎每項都得到低分，顯然應該還有更佳的選擇。讓我們來根據精實消費和供給原則，進行搜尋。

想像中的精實飛航旅行

乘客從斯庫拉市安全飛往卡律布狄斯市，較佳的問題解決方式為何？何種方式耗用的時間最少並且不勞神，航空公司也能獲得最大的投資成本效益？進行思考時，我們總是先問，能否除去供給程序中浪費時間和精力的步驟。如果營運中的航空公司能有具備精實觀念的經理人，能進行流程再造，就不必麻煩企業家親自出馬。

改進軸輻系統飛航方式

檢視軸輻飛航方式，由於乘客必須中途轉機，無論我們進行何種改良，對於商務乘客都無法達到時間效益。對於航空公司而言，也無法達到資產有效利用，因為航空器、員工、機場設施的利用率都很低。以目前多家航空公司陷入財務危機的情況看來，投資效益確實相當狼狽。巨大的軸心機場，固定成本猶如天文數字，稍有營運不佳，立即面臨虧損，而且沒有解決方法。繼續以軸輻方式營運的結果，將是直飛向破產、航空公

司員工將被迫永久減薪、投資人將損失慘重。

　　但是，這樣的飛航網仍然是需要的，因為許多中小型城市的乘客數，無法經營點對點航班，必須仰賴飛航網。我們很難想像，波特蘭和緬因州、波特蘭和奧勒岡州之間，或亞伯丁與蘇格蘭、雅典之間，能經營直飛航班。我們更難想像波特蘭與亞伯丁或雅典之間，能飛航直飛班機。或許最好的解決方案為，以長程飛行小飛機密集往來小型轉運機場，以利乘客轉機，並使飛機在小轉運中心內快速轉頭返航。方法為飛航班次平均配置，以及乘客由前門登機、後門下機。對於精實經理人而言，這是一項浩大的工程，希望他們勝利成功[7]。

改進點對點飛航

　　業務快速擴增的點對點飛航目前的問題為，乘客必須長途開車，才能抵達有這種航班的機場。因為這裡才能匯集足夠乘客，坐滿飛機上的一百五十個座位。而且，乘客購票以及在大型機場裡穿梭提領行李，都耗費相當多精神。

　　解決方法之一是，使用比一百五十個座位更小的飛機，在更多城市間開闢航班[8]。例如，目前每兩小時一班，飛航於小城市和轉運機場之間，35人座或90人座的飛機，可以改為以同樣頻率班次，於兩個小城市間直飛，不再迂迴繞進轉運機場，並加速在雙邊機場掉頭返航的速度。對於目前營運中航空公司的精實經理人而言，落實這個方法相當容易，因為不必進

行資產轉換，不必重新思考飛機設計，也不必改變機場運作方式。經營點對點航班的航空公司，如捷藍公司，最近訂購一批小於150人座的飛機。我們希望這種運作方式能快速擴展。

商務點對點飛行

即便經過上述改善，對於商務旅客而言，目前最主要的兩種旅行方式仍然不甚方便。這兩種方式，旅客在起點和終點的大航站，都必須歷經冗長的程序，而且都使用大型飛機，班次不密集，登機和下飛機也相當耗費時間。結果，乘客耗用的時間是私人專用飛機的兩倍，而且不一定在你需求的時刻有航班。再者，這兩種飛航方式的舒適度都無法令人滿意，尤其是行李運送及座位方面。許多乘客對於下列情形非常無奈：機艙內放置行李的空間不夠、長時間等候行李檢查、座位太窄腿無法伸直、周圍擠滿不同旅行目的的乘客（通常是年輕人且吵鬧）。簡單地說，航空公司無視於顧客的不同情境，仍提供同一商品。精實思考者應如何跨出腳步，才能做得更好？

方法之一為，別再浪費商務旅客在大機場等候的時間。為什麼要使用大型商用機場，而不使用美國和歐洲境內數百個，鄰近住宅區和商業區，而且目前都閒置的小型機場？為什麼不使用現有的接駁車（你前往機場搭乘的小巴士）在機場內服務乘客？為什麼不和票務中心以及安全單位商議，只搭載航空公司會員的乘客，進行簡單的檢查？不經檢查即登機的措施，顯

然不能被接受。但只搭載熟悉的「合夥人」，而非陌生人的航班，將使安全工作更快、更容易。

上述方法是針對高成本、浪費時間的機場。但飛機該如何改善呢？這又是空中運輸的另一個高成本項目。為什麼不使用小飛機，適用於小型機場，使飛行更加舒適？現有35人座或50人座的飛機，可以改裝為20人座或35人座的飛機，升級為商業艙，座位能更寬敞，且有更多空間放置行李。新一代飛機將有更佳的設計——例如，行李艙在座位下，並在機艙前後端兩邊都增設艙門——這些飛機能以較少的地勤人員，進行更快的機場內掉頭返航，以提升昂貴飛機的利用率，並減少所需的人力[9]。

如果從飛機降落到再起飛的時間能縮短至十五分鐘（相對於大轉運機場須耗費一小時，點對點航班需要半個小時），如果大多數乘客能由起點直飛目的地，如果傳統航站的資本設施能減少，則營運成本降至目前的不打折票價之下並非不可能。成本降低的結果，航空公司能提供更密集的航班，開闢更多的點對點航線（以減少乘客地面運動時間），而且是大多數商務乘客都能負擔的票價。

最後，為什麼不簡化機上作業？不提供機艙服務，並由兩位飛航員兼做地勤工作。如果乘客自己攜帶行李，自行自登機門旁的餐車上取食物飲料，自行將身份證和登機證插入讀卡機，以快速通過安全檢查。如此，航站人員僅需一位安全警衛。而且，如果能將飛機設計成能快速進行起飛前檢查、快速

加油——就像你使用加油機為你的汽車加油——如此，進行飛航準備時，另一位飛航員可以準備下一趟飛行事宜。10

　　我們將這個方式的步驟列成圖表9-12，即可看出點對點飛航的總旅行時間，與私人專用飛機的時間差不多，雖然成本有明顯差異。

　　將這個流程繪製成消費圖（圖表9-13），也可看出，創造價值的時間佔總旅行時間相當高的比例。在可預見的未來，因為超音速飛行無法飛航短程和中程距離，也沒有直昇機把你從自家前院載至開會地點的屋頂，因此這個方式將是技術上可行的最完美的選項。

　　也許還可以精益求精。最近有數家飛機製造商宣稱，計畫

圖表9-12　旅客消費步驟及耗用時間表

步驟	耗用時間（分鐘）
1. 開車至斯庫拉市內私人機場	15
2. 在飛機場旁的停車場停車	5
3. 通過小型固定基地營運站至飛機旁	5
4. 登機	5
5. 滑行至跑道	3
6. 直飛至卡律布狄斯	60
7. 滑行至固定基地營運站	3
8. 下飛機	3
9. 步行至飛機旁的租用車停車場	2
10. 取得租用車	3
11. 開車至目的地	15
全部旅行時間	**1小時59分鐘**

圖表9-13　不浪費時間的飛行：點對點商務飛航

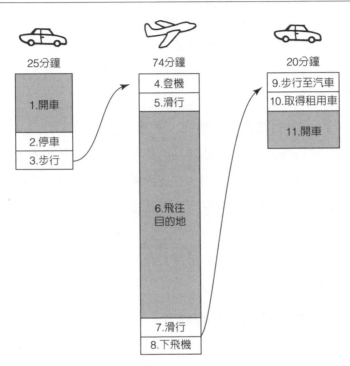

以極低廉價格，生產超輕型噴射機（very light jets, VLJs），只搭載五至九名乘客，而且每座位里程成本也比目前低。迄今已有四家公司宣布這項計劃，預期將有更多家公司跟進[11]。這些飛機將擔負目前企業私用飛機的功能，而且因為成本低廉，企業高級幹部將有能力擁有自己的飛機，或數人共同擁有一架飛機。

更有意思的是，已有數家公司提出新構想：以超輕型噴射

機，飛航點對點「空中計程車」。譬如，美國的DayJet航空計畫在2008年之前，建構309架Eclipse500型噴射機飛航的航空網。此外，已退休的前美國航空公司董事長羅伯‧克藍道（Robert Crandall），他是1970年代轉運飛航觀念、利潤管理（Sabre訂位系統），以及常客優惠方案（AAdvantage，常客優惠方案其實是低級藥物，使乘客不愉快地只搭乘單一家航空公司的飛機）的發明人。克藍道和經營低價點對點飛航的人民快捷航空公司（People Express，最早經營低價點對點飛航的公司之一）前董事長唐‧布爾（Don Burr），計畫經營由數百架5人座亞當A700噴射機群（Adam Aircraft A700）組成的「彈簧空中計程車公司」（Pogo air taxis）。

　　這個構想的內容為，旅客上網說明自己希望在某特定時點由甲地直飛乙地，並與有同樣需求的消費者合組一個航班。除非有乘客願意包機或確保私密性，空中計程車的服務型態類似點對點商務飛機。

　　這個構想另一個吸引人之處，旅客可以精準安排他們想要的旅行時間及任何的啟程與目的地城市，而不必考慮這兩個城市間的航班密度有多低。

　　當然，這個方式唯有在相當數量的消費者簽署費率和使用率同意書後，才能成功運作。而且我們必須假設，乘客同意只用一個飛行員飛航。其他尚無法確定的因素還包括：研發中的日蝕型和超輕型噴射機，必須能在相當長的期間內，以預估的每小時飛行價格運作，並且在高需求量的情況下，幾乎不需要

進行維修（目前私人企業飛機每年平均飛航300小時，預估空中計程車每年將飛航1,500小時）。由於搭乘空中計程車的步驟和耗用時間，與改良後的點對點飛航相同，因此我們不另列步驟表、繪製消費圖。

完成解決方案矩陣

我們先前繪製的解決方案矩陣有三個選項，現在再增加兩個選項（請見圖表9-14）。快速瀏覽矩陣，顯然兩個新選項都優於目前兩個主要的搭機方式，值得消費者和企業家認真思考。

所列舉的選項是否已涵蓋所有可能的飛航方式？當然不。另一個可能性或許是使用超輕型噴射機，有固定航班的空中計程車，而不是有需求才飛航的空中計程車。當然還有其他更多選項。

我們是否預言目前列舉的選項都將成真，使企業家和商務乘客都雙贏？當然不。這不是我們討論的重點。我們只是陳述一種思維方式，即根據精實消費和供給原則，建構理想的飛航方式。希望討論的內容具有建設性和啟發性，而不是預測未來。

很顯然地，創設一個快速、安全、不耗費精力、符合成本效益的方式，解決消費者的飛航需求，必須同時思考資產配置（機場和飛機）、操作（飛航人員）、運作系統（安全管制和空

圖表9-14 解決方案矩陣：新飛航選項

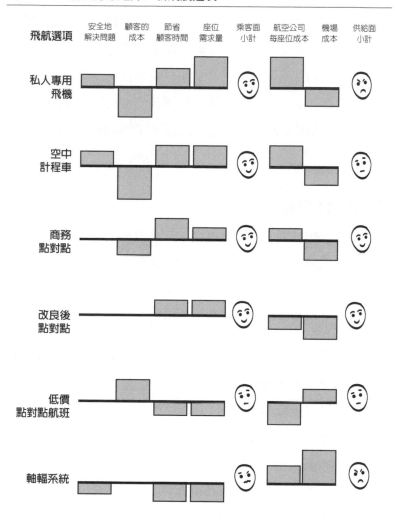

中交通管制）等因素。這個問題的複雜性以及必須改變現有資產運用方式，使得精實企業家不得不嚴肅以對。企業家應將所有的因素綜合考慮，包括一些尚未直接掌控的因素[12]。

我們的方法是否提供企業家如何處理複雜消費問題的深入看法？我們自認已做到這一點。先讓我們來檢視一個相當普遍的問題，即醫院的診察和治療，以測試我們的推論。

邁向精實醫療

消費者相當關心自己的健康，而且許多人確實有病痛，需要治療。因此，美國人平均每年四次與私人醫生約診或去醫院看診，必要時接受治療。對於這個兩階段的消費者問題，我們應該如何分析其選項？可以運用的精實消費原則如下：

- 我們希望健康問題能徹底解決。也就是說，我們希望診斷正確無誤，並獲得最好的治療。
- 我們希望總成本極小化。因為大多數人不需要直接支付全部醫療費用，因此我們特別希望避免浪費時間。
- 我們希望能在需要的時間點，獲得正確的診斷和治療。不必長時間等候醫生，或在不方便的時候看醫生。
- 我們希望在指定的地方獲得診斷和治療。最好在住家、學校或辦公室附近。

目前的醫療體系提供哪些選項？我們來製作一個醫療選項

矩陣。這個工作比較容易，因為大多數消費者（病患）目前因循非常類似的程序和步驟。

一般醫療管道

我們假設某消費者有一個簡單的問題：長期聲音沙啞加上喉嚨痛，尤其是在夜晚。雖然網路和醫學辭典上有許多診斷意見和治療方法，但人們常會在某一天突然驚覺最好趕快去看醫生。

典型的第一個步驟是打電話去基層醫療院所，預約看診時間。根據目前美國的醫療體系，這種情形通常經由健保組織，根據消費者的保障內容處理。

我們曾在第4章描述過第一個行動，通常需要打數通電話再加上數通回電，由接待員或護士先弄清楚病人的需求。然後再經過數次的電話往返與基層醫院的喉科醫生約定看診時間。通常專科醫生的看診表已排定，也未實施開放式看診，因此勢必約在數日後，而且往往是病患不方便的時間。

經過相當時間等候，終於獲得看診。醫生通常會說，病患必須去大型醫療中心看幾個更專門的醫生，以確定病情和獲得治療[13]。由於醫療中心的設備昂貴、醫生薪水高，而且醫療中心希望這些資產能充分應用於有償工作，因此醫療中心的病患大排長龍。此外，必看的幾個醫生的看診表都已排定，因此病患只能再排幾個自己不方便的時間去看診。此外，大型醫療中

心距離病患的住家和辦公室非常遠,本來就很不方便,加上停車位難求,還得穿越迷宮式的大樓,分辨方位、找樓層,最後才能找到診間[14]。

最後,昂貴的醫生終於利用昂貴的設備報告好消息:不是癌症也沒有內出血,而是輕度的胃酸逆流,只要節制飲食、正確發聲,加上簡單的治療,病情就可以獲得控制。診斷程序到此結束,雖然不需要後續的多項治療步驟,但整個過程還是耗用了許多醫療體系的時間、耗費醫療體系的經費,以及帶來許多不方便。我們將這個程序製成步驟及時間表。第一張表是針對病患的(圖表9-15);第二張是供給者的(圖表9-16)。

我們將所有的步驟分類排列,繪製成圖表9-17。上方是消費圖,下方是供給圖;陰影部分表示實際創造價值的時間。我們很容易看出來,四分之三的消費者時間,和一半的供給者時間都是無謂的浪費。另外,我們將這些資料製成解決方案矩陣表(請參考圖表9-18)。

想像更好的精實解決方案

有什麼其他的選擇,可以用更低的總成本提供病患診斷及正確的治療呢?正如同前面討論的商務旅行。暫時不要驚動創業家來翻新目前的整套流程,而是先由精實經理人解決目前的問題。

圖表9-15 病患的步驟及時間表

步驟	耗費時間（分鐘）
1. 打電話給醫院討論病情（包括待話時間）	5
2. 醫院回電討論病情	5
3. 打電話給醫院喉科醫生（包括待話時間）	5
4. 醫院喉科醫生回電	5
5. 開車去看診	10
6. 停車	5
7. 走到診間	2
8. 在診間等候	20
9. 專科醫生看診	20
10. 回家（步行／出停車場／開車）	17
11. 打電話給醫療中心約診（包括待話時間）	5
12. 醫療中心回電確定診期	5
13. 開車至醫療中心	45
14. 停車	5
15. 步行去看診	10
16. 等候看診	30
17. 第一次看診	30
18. 回家（步行／出停車場／開車）	60
19. 打電話給醫療中心約第二次看診	5
20. 開車／停車／步行去看診	60
21. 等候看診	30
22. 看診	30
23. 回家（步行／出停車場／開車）	60
24. 打電話給專科醫生詢問診斷結果	5
25. 與專科醫生討論診斷結果	10
總耗用時間	**8小時4分鐘**
實際診斷時間（創造價值時間）	**1小時30分鐘**
總步驟	**25個步驟**

圖表9-16　供給者的步驟及時間表

步驟	耗費時間（分鐘）
1. 接聽病患電話	2
2. 回電給病患討論病情	5
3. 接聽病患電話	2
4. 回電給病患討論病情並約定看診時間	5
5. 尋找病歷表，準備看診	10
6. 掛號	10
7. 專科醫生看診	20
8. 專科醫生填寫病歷表	10
9. 醫療中心接聽病患電話	2
10. 回電給病患約定看診時間	5
11. 確認看診日期，調病歷表	10
12. 掛號	10
13. 第一位醫生診斷	30
14. 填寫病歷	10
15. 接聽病患電話，約定看診日期	5
16. 掛號	10
17. 第二位醫生看診	30
18. 填寫病歷、診斷、提出治療方法	10
19. 告知病患診斷結果和治療方法	10
總耗用時間	3小時16分鐘
實際診斷時間（創造價值時間）	1小時30分鐘
總步驟	19個步驟

改進看診制度

　　檢視現行由基層醫療院所至大型醫療中心的看診途徑，顯然病患及醫院員工浪費許多時間在初步接觸以及排定看診時間上（請運用我們第3章討論的服務台觀念，思考醫療體系的問

圖表9-17　請等候：看診的消費程序圖

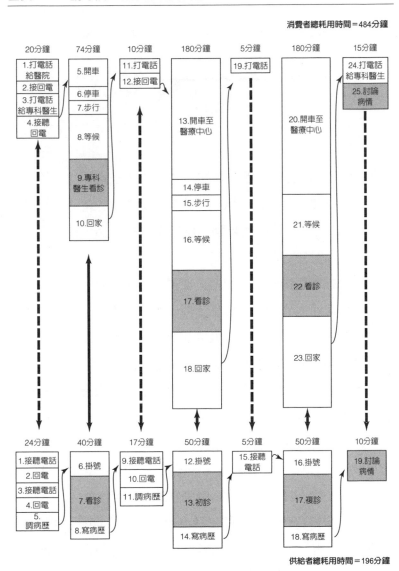

消費者總耗用時間＝484分鐘

供給者總耗用時間＝196分鐘

圖表9-18　解決方案矩陣：看診

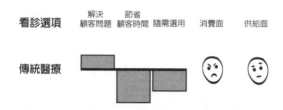

題）。通常醫院將最缺乏醫學知識的員工擺在第一線，與病患進行初步接觸，然後再視狀況安排病患與較專業的人員接觸。（所以供給消費圖中電話頻繁）反覆來回的電話，往往遺漏甚多資訊，而且雙方都覺得沮喪。

初步接觸與排診制度相連，使得問題更複雜。病患按醫院告知的看診時間到院，但經常不能準時獲得看診。結果造成病患珊珊來遲，而整個排診制度的品質日益低落。我們並非刻意貶低醫療業，但這現象與第4章討論的修車程序完全相同。

因此，改進的方法之一，即是重新思考與病患第一次接觸的方式和排診制度；指派具有醫學知識的護士站在第一線，並授與權力，立即決定病患應該循何途徑就診。這種做法必須將病患狀況立即做成電子紀錄，並給予人員整套清楚的就診途徑，使第一線人員不必獲得高層再確認，即可排診。

第二步是將目前僵硬的排診制度，改為「開放式看診」，如第4章所述。病患可以在任何自己方便的時間到醫院就診，並根據需求尋求運用醫療協助[15]。

　　分析顯示，如果我們簡化醫療消費溪流裡與病患接觸的步驟，將可減少病患與醫院四次電話往返。病患只要打兩通電話，一通給健保組織，一通給醫療中心。因為接電話的護士，可以立即決定應該怎麼做，所以醫院也只需接兩通電話，而且不必稍後回電。此外，我們可以要求病患自選時間準時就診，並彈性運用醫院資源，以縮短病患等候的時間。

　　這些步驟是好的開始，如果由觀念正確的經理人執行流程再造，就不必徹底改變目前的看診制度。但是，對於遠距離的大型醫療中心卻還不夠。這些醫療中心耗費大部分的病患時間和醫療資源。讓我們從企業家的觀點來檢視這個問題。

專屬診療

　　大型醫療中心基於某些正當理由，是最複雜而且最缺乏方向的組織。醫療中心以複雜的建築和昂貴的排診制度，使用昂貴的設備和專科醫生。他們掌控多種不同的診斷和治療溪流，藉由排診制度，消費昂貴設備和醫生。

　　對於精實思考者而言，大型醫療中心與大量生產工廠極為相似，按照部門切割生產行為。板金工作在板金部門完成，噴漆工作在噴漆間完成，組裝則在組裝間進行。零組件（在醫療體系中則是病患）循途徑前進，逐次接受加工，而且不時排隊等候。許多傳統工廠還設置「中央站」，零組件暫置於此，以進行下一步加工。醫院擁擠的候診大廳與中央站十分類似，裡

頭擠滿等候下一個步驟的病患。

我們其中一位作者的年長親戚，最近因為病痛前往大型醫療中心就診，親身經歷這個現象。同時也是我們前本書讀者的親戚建議，我們應該詳細記錄就診的每一個步驟和耗用的時間。最後，我們發現在4天的診斷期間，共經歷100個以上的步驟，包括3個晚上睡在醫院的病房裡。自抵達醫院至做完某特別診療的96個小時內，病患只經過4次診斷（驗血、電腦斷層掃描等），共耗用2小時。其他時間都在排隊等候使用昂貴的設備，以及排更長的隊伍等候醫生解釋檢驗結果。全部費用加上保險給付，超過12,000美元（很偶然地，第一個看診醫生──耗時10分鐘──的診斷結果，與最後的檢驗結果完全相同。也就是說，病患耗用4天時間和12,000美元，證明初步診斷是正確的）。

顯然地，安排這些複雜的程序和協調使用複雜的設備，必須要有一套中央管控的精妙排診制度。

精實思考者曾對生產工程進行流程再造，打散「流程村落」（process villages）裡各個獨立的生產動作，將設備和專業技師重新組合成各種型態的「連續流程」（process sequence）。這種方式使得待產製商品，由上一個步驟直接且立即移至下一個步驟。最理想的狀況為單件流動方式，單一貨品在各步驟間移動前進，不必等待也不堆積半成品。這種方式也打散了工廠運作規模，由各小部門生產不同族群的商品，快速供應消費者。

將改進工廠的方法運用於醫療事業並不容易，必須要有企

業家的智慧。因為大型醫療中心的財務，與轉運機場一樣，將因新的診療體系施行而逐漸流失收入，影響整體生計。因此我們可以確定，現有的大型醫療中心將捍衛他們現有的作業方式，抗拒創設獨立且專屬的醫療管道。

但是，我們如何能免除就醫時長途跋涉和大排長龍，以節省病患和供給者的成本，並使診療流程以病患為中心，而非以供給者為中心？還有，我們應該如何使整個醫療體系更完整，使基層醫院的醫生得以根據成本／價格考量，向病患推薦專屬診療方式？

我們假設這些工作都已完成，所有的步驟都依序排列，直接由健保組織轉移至鄰近的專屬診療診所。我們將新步驟列表，即可看出能節省多少成本（請見圖表9-19、9-20）。

根據這些資料繪製消費供給圖，並以陰影表示創造價值的時間（實際看診時間），即可看出新方式創造價值時間的比率，對於供給者和消費者而言，都接近75%（參見圖表9-21）。

這個結果看似簡單，事實上必須採取若干困難的措施。醫療設備必須重新擺放位置，可能的話，更換成適當大小，以便在專屬診所有適當空間進行操作和維護。病歷必須簡化，並快速在健保組織和專屬診所之間傳遞。醫療人員必須具備多項專業，並彈性應用。如此，少數幾個醫生即能執行多項步驟；而不像目前的大型醫療中心，一個人只負責一個步驟。

預期目前醫療體系將抗拒新措施，而且新措施將威脅目前

圖表9-19　專屬診療：病患的步驟和時間表

步驟	耗費時間（分鐘）
1. 打電話給健保組織，排定看診時間	5
2. 開車去看診	5
3. 停車	2
4. 走到診間	2
5. 專科醫生看診，安排看診	20
6. 開車至專屬診療所	15
7. 停車	2
8. 步行至診間	2
9. 看診，後續步驟	30
10. 與醫生討論診斷結果及下一步驟	5
11. 步行／出停車場／開車回家	20
總耗用時間	1小時48分鐘
實際診斷時間（創造價值時間）	55分鐘
總步驟	11個步驟

醫院的既有資產，因此這項工作由具創業精神的企業家來執行較妥當，不宜由傳統經理人擔負重任，即便經理人對精實解決方案深具信心。事實上，企業家已在某些醫療項目上施行新措施——如雷射眼部手術、疝氣手術——而且，新做法的普及程度只是觀念的問題而已。

　　我們將討論過的診療方式編入解決方案矩陣（請參見表9-22）。

　　表中列舉的選項，是否為全部的可能選項？就像商務飛行一樣，答案是否定的。另一個選項為，發展家庭用的醫療設備，結合網路及專業人員，使病患能在家中進行診斷，並進行

圖表9-20　專屬診療：供給者的步驟及時間表

步驟	耗費時間（分鐘）
1. 接聽病患電話，排定看診時間	5
2. 調病歷表，準備看診	1
3. 掛號，專科醫生看診	25
4. 填寫病歷	10
5. 準備及看診	40
6. 與病患討論及安排下一步驟	5
7. 填寫病歷、告知健保組織診斷結果	10
總耗用時間	1小時36分鐘
實際診斷時間（創造價值時間）	1小時5分鐘
總步驟	7個步驟

治療（包括使用複雜的家庭用醫療器材，如洗腎機）。當然，專屬診療制度必須和居家照護相結合。

　　就像搭飛機出差一樣，流程表和解決方案矩陣的目的，不在於預測哪一個選項將勝出，哪一個選項將被淘汰。相反地，我們只提供一個思考方式，以尋求新選項。運用這個方式進行思考，我們保證，值得你深入研究的新選項，即便不能立即執行，也將很快地發展出來。

持續解決眾多小問題

　　我們已探討過精實消費和精實供給原則，並敘述精實經理人和精實企業家，於解決消費問題時應擔當的角色。但請注意，多數消費問題並非一次即能解決，而必須持續解決。即便

圖表9-21 精實流程：專屬診療圖

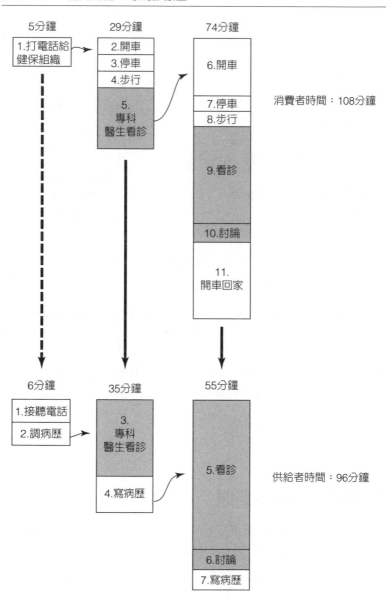

圖表9-22　解決方案矩陣：新診療選項

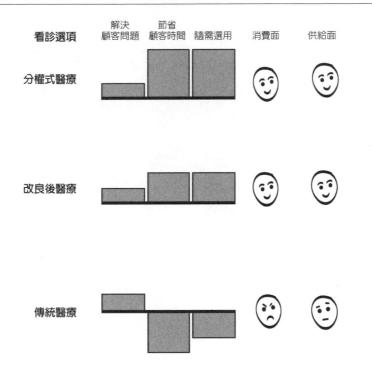

我們運用最精實的方法解決問題，消費者仍然會面對新的問題，最後一章將討論這個議題，包括，我們可以減少多少問題？消費者和供給者如何持續合作，解決剩下來的少數大問題？我們稱這些內容為「解決方案經濟」（Solution Economy）。

第 **10** 章
永遠解決我的全部問題

　　到目前為止，我們已經討論過，消費即是以最低的總成本，包括消費者的時間，獲得各種物品及服務。對目前多數供給者而言，這已是觀念的一大步，但如果我們探尋一個簡單的問題，還可以往前更進一步：廿一世紀的消費者尋求的基本消費組合是什麼？也就是，消費者真正希望的物品結合服務的形式是什麼？

　　經濟史上，消費者曾為了複雜的目的，購買各式各樣的物品——牛車、騾車、馬車、汽車、飛機；以及各種能使物品發揮效能的零組件或服務——牛飼料、騾飼料、汽油、金融商品、保險、零配件、維護、修理等。一般消費者通常向某個供應商，購買種類眾多的物品和服務，以解決問題。此外，我們也注意到，由於社會快速進步，將物品和服務結合在一起的商品種類穩定成長，即便精實思考者致力於節省消費者的總成本，包括消費時間，但消費者總是面臨太多選擇，而時間卻愈

來愈少。

　　少數有錢人的消費方式與我們不同。他們不購買單項物品或服務，而是全盤解決基本消費問題。他們根據需要，長期雇人為他們結合物品和服務，成為令人滿意的整體商品。例如，比爾‧蓋茲（Bill Gates）、華倫、巴菲特（Warren Buffet）或汶萊蘇丹（Sultan of Brunei），他們通常不必考慮如何買一輛新車、電子信箱為什麼當掉、冰箱裡有什麼食物可以當晚餐這類問題。他們的問題經由「專業消費」（Craft Consumption）程序獲得解決──利用昂貴但仍可接受的員工。富人們的個人消費經理，將物品和服務結合，創造徹底解決方式[1]。

　　讓我們想像另一種方式。我們認為，一般消費者可以和供給者合作，將多數物品和服務結合成少數幾項商品組合，以解決基本消費問題，並長期節省雙方的時間、精力和成本。事實上，科技的整合運用（容後詳述）和創造價值的技巧（前幾章已討論過），能使上述情節實現，進而改變消費的基本組合。消費者不必每次向陌生供給者購買單項物品或服務，而是長期以低成本和最少精力，從少數幾個供應商處，獲得生活上重要問題的全盤解決。像這樣的世界是可能的。這就是為什麼我們認為，我們已準備好邁向所謂的「解決方案經濟」（Solution Economy）。

不費力的資訊管理和通訊

　　首先，必須探尋我們的基本問題是什麼。也就是說，在生活裡，什麼是消費者必須解決的基本問題？

　　撰寫本書時，第一個浮上心頭的是資訊管理和通訊。我們對於外在世界有很大的溝通需求。我們必須學習自己應該知道的及希望知道的事物，並告訴外在世界我們已學得的事物，以及接下來還需要什麼。聽起來簡單，做起來難。

　　為了解現代消費問題的廣度，我們先從自己的住家看起。如同許多現代家庭，住家同時是先生寫書的場所，也是妻子的小印刷廠。我們在自己住家實施一次現場巡行，結果發現有四條電話線（家用一條，居家辦公室線路兩條，傳真機一條）、四個行動電話號碼（夫妻各一個，兩個十幾歲的孩子各一個）、四條電話和行動電話的延長線、一條全家共用的高速數據傳輸線、一條提供各種娛樂頻道的有線電視線。

　　要使用這些資源，一共得有六個電子郵件帳號（每個家庭成員一個網址，另外兩個網址專門用於網路購物，以免個人信箱被塞爆），分別由四家網路商提供。我們還需要軟硬體：電話機（共十四具）、電腦（六台，或許堆在地下室那台也還能用）、許多作業系統和應用軟體、印表機（四台）、一台傳真機（形式老舊，偶爾使用）、掃描器／影印機（兩台）、數據機（每台電腦一個）、高速無線傳輸器（裝設在地下室和屋頂）、網路分享器、備用外接式硬碟，以及地下室裡一個奇怪的機

器，稱為主巴士。曾經短暫被移走，現在又裝回來。

　　最後，別忘了維修所有家用軟體的喬許（今天才來清除令人厭惡的木馬程式）、維修硬體的弗瑞德（每個房間的每條線路，加上無線傳輸器），以及某家公司的服務專線和服務技師。似乎我們家裡的每一項軟硬體都購自這家公司（上週剛修好故障的磁碟機）。

　　這是目前的情形。寫作這本書的時候，我們買了數位相機。因此，我們所有的照片——包括照相手機拍攝的相片——都能經由網路立即傳輸給祖父母，不必再用郵遞（只要軟體能用）。而且數年之內，我們家裡所有的娛樂設施都將改為數位式，並與通訊設備相連結。因此，電視（包括DVD和老式錄放影機）和音響設備（當然包括iPod），都會成為整個通訊系統的一部分。

　　這些設備都非常棒，否則我們不會買來用，但誰來設計主系統？誰供應所有的設備？誰來研究並取得所有設備、軟體、資料傳輸的合約？誰來組織服務團隊以進行維修？誰來負責回收汰換掉的舊設備？簡要地說，在科技快速發展的時代，誰來發明並實施主計劃，以持續解決我們的資訊、通訊和娛樂問題？

　　答案是我們自己，而且不支薪，而且我們討厭這份工作。例如，最近我們兩位作者和數個電子通訊供應商聯絡，希望取得最好的服務和價格。最後我們放棄了。因為過程太複雜而且太浪費時間。我們明知道自己付出太多而且對方服務太差，但

我們決定犧牲[2]。我們實在沒有時間改善狀況，尤其是在我們
即將完成這本書的節骨眼上。

　　為什麼我們不能只和一家廠商交涉，以解決問題？為什麼
我們不能在電腦上陳述問題——需求和想法——並說明預算？
為什麼無法由單一家廠商持續關切我們的問題，讓我們不必再
耗費時間和精力？理想上應該是，我們不用花錢在軟體或硬
體。相對地，我們應該獲得任何我們需要的軟體、硬體、支援
服務，並根據使用量付費。

六個核心問題

　　科技快速進步和科技之間的整合，使得資訊管理、通訊、
娛樂，非常適合結合成一套問題，統合解決。其他瑣碎的消費
問題，是否問題太小，不適合整合成套？我們不這樣認為。事
實上我們認為，現今社會消費者的眾多問題，可以歸納為六個
核心問題。

一、住屋

　　每個人都需要居住的地方。每個窩都是一個複雜的結構
體，擠滿了各種物品和服務。住屋結構和其中的設備——你已
經猜到是哪些東西了——必須持續不斷地取得、安裝、維護、
修理、升級，以及回收。

　　許多消費者住在公寓大樓。這種住宅最吸引人的地方，在

於委託專業公司管理；雖然他們的管理不甚令人滿意。在已發展國家中，大部分公寓住宅都是自有而非租用，而且公寓自住比率逐年提升，使得自住戶成為公寓住宅的主力，並導致居住密度下降。結果是住宅問題又成為消費者自己的問題。

許多屋主花費相當多時間學習修東修西——有些人甚至養成嗜好，成為休假日的消遣，不希望他人打擾（也使得家用五金店生意興隆，貨樣齊備——因此裝修住家的商品唾手可得）。但也有許多屋主技術不良，需要居家服務網，俾使一切設備順利運轉。

以我們自身的例子而言。我們發現必須有電氣匠、水管工、冷暖氣技工、修剪草坪、清掃煙囪、木匠、清潔工、屋頂及水溝專家，以及多項設備的修理技師，各種設備才能穩定順利運作（我們已經找一家公司，長期照料我們的通訊和電腦問題）。而且，近幾年我們已委託幾家承包商，施行數次住屋結構的修理和升級。

組織並管理這些團隊非常耗費時間，而且過程令人沮喪；尤其是營造業有不準時上工的習慣，而且經常無法第一次就把工作做好。目前雖然另有住宅管理公司的選項，但價格高不可攀。因此，我們自己繼續擔任管理工作。

為什麼我們不能在電腦螢幕上，提出我們現在的問題和未來的需求，然後找到一個解決住宅維修問題的供給者，適時、適地、支付適當價格，第一次就把事情做好，不必勞神費時分別找各種專業工人？為什麼「解決問題的供給者」不留存我們

住宅的資料——住宅結構藍圖、設備和維修紀錄？

　　如此，供給者將找出最佳時點，派出適當團隊，攜帶需用工具和材料，對我們的住家進行維修和升級。這種生意可以做一輩子，而且每次出工時，工人無須去而復返拿工具和材料。譬如，我們常常想，如果能在屋頂出現漏水之前整修，該有多好。維修住宅的供給者，應該可以根據留存資料，找出正確的整修時點。到目前為止，我們並不認為這些生活上的問題，可以獲得適當解決。

二、醫療

　　多年前，醫學知識並不龐雜，醫生似乎像個小生意人。病患有病痛的時候，去找醫生診斷，而且只有在必要的時候，才被送去專科醫生那裡做進一步的診斷和治療，並收取診斷費。這是一種單一接觸關係，病患只要居住在某地，就只找某位醫生。

　　之後，醫學知識日益龐雜，大型的健保組織（HMO）相繼成立，病患的流動率提高，醫療制度也日益複雜。面對龐大的官僚體系，消費者被迫學習新技巧，才能在體系內獲得治療。

　　目前，受制於成本壓力，醫療體系更加複雜，尤其是大型醫院分為許多專科，各專科醫生只會解決專門問題，無法全面照料病患[3]。而且，病歷內容相當混亂，使得病患更換醫生或醫院時，病歷移轉非常困難。由於現代社會人們的流動性非常

高，醫院病人隨著居住地遷徙，必須接觸不同城市，甚至不同
國家的基層醫療院所，但是病歷紀錄卻無法跟著走。

　　以消費問題而言，這只是醫療困境之一[4]。說到醫療帳
單，那簡直是一場噩夢。多數醫療都有保險給付，因此，處理
保險文件成為許多消費者的主要工作；對於精神不濟的銀髮族
而言，更是一種折磨。做為銀髮雙親的中年兒子，我們已練就
填寫各種保險表格的一流功夫，就連我都不甚了解那些表格的
真正意義，更別提銀髮族對這些表格則是全然無能為力。

　　為什麼病患不能有一個長期且單一的醫療接觸點，例如某
個人事穩定的組織，為病患擬定健康計劃（包括確認病患需要
何種醫療照護的能力）；而且不論病患遷徙至何處，有什麼健
康問題，都終生記錄並保存病歷資料？這個組織必須有病患經
理配合一個醫生，以直接了解病患的需求和期望，並提供單點
接觸服務，為病患安排專科醫生，提供專科醫生所需資料；同
時為病患處理費用問題。

　　這個組織必須具有資訊管理的專業能力，並派遣具有醫療
專業知識的員工，在第一線為病患服務。邏輯上，這些第一線
員工應該能了解，問題未處理完善的公司將付出的代價，而不
是只重視有多少個病患打電話來陳述問題；如同我們在第3章
所討論的內容。我們從第3章得知，具有精實觀念的公司了
解，指派具有豐富知識的員工在第一線，直接與顧客接觸，找
出問題的根本原因，是較有效率的做法。而不是指派知識不足
的員工，做機械式問答，直到問題惡化後，再把問題移轉至更

高層級。在醫療體系中，這個觀念至為重要。如果一開始忽略了病痛的癥結，後續治療即使有用，亦將更昂貴。

三、交通

　　我們在第7章曾討論，汽車消費者購得愛車更好的方式。我們希望這些方式在未來數年都能實現。但是，買汽車和找到一個能力優秀的修車廠（我們已在第1章和第4章討論），只是問題的一部分。消費者必須尋找合適車輛、貸款、註冊登記、買保險、檢驗（基於安全和污染因素）、定期保養（換機油和雨刷）、棄置舊車。此外，有些駕駛人還希望有緊急救援服務。也就是說，消費者必須耗費時間與許多人、機構接觸，而且不領工資。

　　為什麼消費者不能對自己的愛車，只進行單點接觸？為什麼不能只由單一家公司，透過電腦螢幕，提供各種汽車的資訊，並在消費者需求的時刻，送到消費者家裡的車道上？這樣做的話，消費者和供給者都無須浪費時間和精力，總成本卻是最低。為什麼不能進一步使用同一個接觸點，因應消費者的不同需求情況，叫計程車、禮車，甚至大眾交通工具，並支付車資？

　　請注意，消費者無須擁有任何東西。雖然有些消費者希望在法律上擁有自己的愛車，但他們也希望供給者能同時提供保險、登記、檢驗、維修，以及緊急救援等服務。消費者通常只有在需要的時候，使用物品和服務。這些需求可以只由一個窗

口提供，而且不論消費者移動至何處，面臨何種需求狀況，都
由同一窗口提供交通服務。當然，這個窗口的服務品質必須良
好且穩定。我們將稍後討論這個議題。

同樣的觀念，可以運用於另一方面的交通需求，即長距離
旅行。我們曾在第9章辛苦討論長距離旅行的各種選項，如點
對點飛航及空中計程車。即便所有的選項都成真，消費者因應
不同狀況，仍希望有組合性商品——我們稱為解決方案要素
（solution elements）——涵蓋多種關係，如再考量旅館、租車
等，要素會更多。

結合眾多解決要素成為套裝商品，以解決旅行者的問題，
確實是一項大挑戰。目前，網路顯然是因應這項挑戰的最佳途
徑。迅捷公司（Expedia）和速旅（Travelocity）這兩家公司，
歷經網路泡沫化而屹立不搖，提供即時訂票訂房；並能在有剩
餘機票及旅館房間時，以低價供應商品，但完美的套裝旅程仍
未應市。

事實上，目前旅行業服務的內容相當有限。簡單旅程，如
搭同一家航空公司的飛機，直飛往返兩個城市，服務可以做得
很好。但消費者需要複雜的旅程時——而我們的商務和個人旅
遊行程，通常都是複雜的——卻通常無法達成願望，而且還得
自己做許多不支薪的工作。商務旅客通常必須回頭去找傳統旅
行社。這些業者知道顧客的偏好，也有各種解決要素的專業知
識；而且萬一發生問題時，也有熟悉的人可以理論。

近來，航空公司、租車公司，以及旅館業者，開始刪減旅

行社佣金，希望消費者能上他們的網站，瀏覽他們提供的商品及服務內容的網頁。

最近，區域性旅行社逐漸扮演起解決方案供給者的角色，透過全球網站，對世界各地的消費者提供服務。同時，他們將例行性服務自動化，和消費者合作，將雙方花費的時間和精力降到最低。提供自動網路服務的迅捷公司和速旅公司，則雇用專人與顧客討論複雜問題，已有旅行經紀人的味道。這種趨勢持續發展的結果，邁向全方位旅行供給者的境地，指日可待。

四、財務管理

或許，眾多消費者最頭痛的消費問題是，必須在管制解禁、工作異動頻繁、信奉家長式管理的老闆消失、產品飛快增加的現代金融市場，管理個人財務。我們的父執輩從來無須考慮他們的年金或保險——他們的雇主自然會幫他們打理這些問題。但我們這一輩卻必須自己關心退休基金和保險事務（死亡和失能）。此外，我們還有閒置資金必須投資。而且，我們還得學會如何填寫稅務表格，如何支付物品和服務的帳單，如何整理如潮水般湧來的日常交易帳單（快速檢視一下，本書作者之一在網路銀行裡有51個轉帳帳戶。這些帳戶分屬各個供應商，使消費者能毫不費力地支付消費帳款）。在美國，關於社會保險私有化（privatization of social security）的爭議，不論這項措施有多少優點，消費者常為此忙到深夜。

來到這個時代，應該所有的資訊都可以彙整在電腦螢幕

上；消費者只須支付適當費用，與單一顧問討論，然後按幾個
鍵，即可做成所有決定。但是，光是把資金由個人帳戶轉移至
公司帳戶，就必須經過一番奮鬥。將眾多投資商品，如富達投
資（Fidelity）、嘉信理財公司（Schwab）、史卡德基金
（Scudder）、西北共同基金（Northwestern Mutual）、美國銀行
（Bank of American），以及財務顧問及會計師的建議等資料，
彙整在電腦螢幕上，使消費者可以一目瞭然目前的財務狀況的
夢想，還相當遙遠。

　　然而，進步飛快的科技，不久之後將能把消費者所有財務
問題，彙整至單一接觸點；不論消費者在何處工作或居住，與
這個單點接觸關係都不會改變。實際的解決方案要素——保
單、短期債券、銀行戶頭——或許仍舊來自不同的供給者。而
且，如同我們稍後將討論的，可以自由選擇要素供給者和解決
供給者，仍是最佳狀況。但是，當這些要素和供給者結合為單
一接觸點，消費者的不支薪工作將大幅減少。

五、機能式購物

　　重大消費問題名單的最後一項，即是我們在晚餐桌上經常
和朋友討論的話題，但沒有正式名稱。每一個人都了解，交通
的意義是一個人由這個空間移至另個空間。但很少有人能了解
「機能式購物」，或「個人物流」（personal logistics）的真正意
思。這兩個詞彙表示，消費者獲取日常生活所需用品，並成功
地遞送至需求地點。

　　為了明白我們在說什麼，想想你晚上和週末通常在做什麼。開著車為家務事跑腿？去特易購採買食物，去家得寶買家庭五金，去沃爾瑪買雜貨？送洗衣服，去錄影帶店租片子，書店買書（或許就是本書）？或許你又回去辦公室，拿你忘了要帶回家加班的文件？這些可不是娛樂，而是不支薪的工作。消費者成為購物工具，並做自己的物流公司。

　　在某些領域，上述狀況已獲得改善。愈來愈多商品，例如亞瑪遜網路書店的書，廠商用快遞服務將商品運送至消費者的家或辦公室。其他商品如家庭雜貨，零售商則以車輛送貨到府。

　　我們相信還有更大的進步空間。譬如，特易購重新思考撿貨和送貨方式，使得網路購物的銷售量和利潤都呈現穩定成長，相信任何雜貨商都會仿效特易購的做法。但消費者仍需親自前往購物並在家中等候送貨。我們家平均一個月做一次網上購物。如果無須有一個人在兩個小時的時段內，焦躁地等候送貨員到來，或許我們會增加網路購物次數。

　　我們曾在第7章建議一個方式，即仿效豐田汽車工廠內的水蜘蛛材料遞送制度。將產業運用的方法轉換為供個人應用，表示我們必須和運輸公司簽約，以獲取我們所需物品，並載走用畢的東西（包括資源回收物質）。同時，這項服務還包括遞送我們要給他人的物品。這個構想可以節省消費者往來奔波的時間，因為供給者將委託數家運輸公司，將商品遞送至我們的家和辦公室。我們可以享受定時送貨和取走物品的服務。或許

利用前門或後門的一個空間,放置外送物品和收受商品,即無須有人在家等候。

　　這個方式並可以減少塞車、節省能源,因為運輸車每幾個小時前來送貨取物,無須由個別消費者開車在街道來來去去[5]。消費者可以節省許多時間,從事休閒娛樂活動,或真正享受購物樂趣。

　　從技術觀點而言,這個解決方式相當可行,只須現有的物流機制——包括郵局——能改變思考方式,了解誰是真正的顧客。目前,物流機構認為交寄貨品的人才是顧客,因為他們付錢。事實上,豐田汽車多年前以工業消費者的觀點,已充分了解這個概念。像豐田汽車這樣的公司,經常而且定量由供應商處「拉回」所需材料,所有的作業即能順利運作(我們在第6章提及,特易購現在自己派出卡車,自供應商的工廠拉回貨物)。相對地,如果豐田汽車和其他工業消費者,讓供給者依據自己的狀況送貨,將造成材料短缺或囤貨的情形。如果我們先說服少數幾家物流公司,在物流業做出創舉,戲劇性變革就可能實現。然後,如果連小孩接送,都能由物流公司負責,那我們真的可以從不支薪勞務中獲得解放!

從小問題到大問題

　　上述六個簡單但重要的問題——資訊、通訊與娛樂、住宅、交通、財務管理、日常購物——不但佔了消費者日常大部

分時間，也佔了家庭開銷的大部分。供給者必須邁出腳步，為消費者解決這些問題。

要有好的開始，精實消費觀念必須增列最後一項原則：

● **永遠全盤解決我的問題。**

為達到這個結果，消費者必須與一系列的解決方案供給者建立合夥關係，包括通訊設施供應商、住宅管理經理、醫療院所、交通承包商、財務管理單一窗口、物流公司。這樣做的目的，在於以較低成本，全盤解決日常生活所需。較理想的狀況是，這些供給者持續以單一窗口形式，為消費者服務，使他們能累積消費者的狀況和需求資料，在消費者和供給者都降低總成本的情況下，提供更高品質的服務。

單一窗口供給者，如果能夠把提供相關物品和服務的供給者，列成名單，則工作將容易許多。對於通訊單一窗口而言，這份名單包括硬體製造商、軟體供應商、服務技師，以及服務台作業。對於住宅單一窗口而言，則是技術工人、材料零售商、送貨商和製造商。對於財務管理單一窗口而言，則是保險公司、銀行、基金銷售公司、會計師、投資顧問。

相同的邏輯，要是供給者能獲得若干零組件或零件供應者的協助，工作也將容易得多。依此類推，原物料也一樣。價值溪流的每一個上游供給者都直接供應下游廠商。

減少上游供給者的觀念，已廣泛在產業界施行。觀念先進的公司，只選擇幾家品質良好的上游供應商，建立穩定而持久

的關係。

　　現在，只有最終消費者還在雜遝的市場，與眾多陌生的供給者進行僅此一次的交易。許多航空公司已不再購買飛機，而是向奇異資本航太服務公司（GE Capital Aviation Service, GECAS）或國際租賃金融公司（International Lease Finance Corp., ILFC）租飛機，並且視狀況調整機隊規模。而且，奇異資本航太服務公司和國際租賃金融公司也不買飛機引擎，而是向勞斯萊斯（Rolls-Royce）、奇異航空引擎（GE Aero Engines）、普惠（Pratt & Whitney）等公司按小時租用引擎。出租引擎的公司並提供緊急維修和定期大修等服務。航空公司只有機組人員，並按使用時數支付租賃公司及引擎公司的帳單。如此，他們的問題就解決了。

　　我們確信，供給者必能解決百萬消費者的重大問題，但唯有供給者重新思考價值的定義以及創造價值的組織基本架構，才有可能實現。1990年代的泡沫經濟時期，電子化商務讓人們願意重新思考企業組織模式，以因應新的價值定義。我們認為，這是泡沫經濟對於經濟進步的貢獻。不幸地，供給者卻錯過了將問題真正解決的時機，仍然以複雜的服務推廣更新穎的商品，使得消費者和企業都不勝負荷。

解決方案供給者的架構

　　為了解單一窗口如何提供解決方案，我們最後一次來檢視

短距離交通問題。事實上，我們已討論這個問題多次。

　　假設消費者與某單一窗口供應者「動力汽車公司」（Mobility Inc.,）簽約，在需要用車時，汽車就在消費者的車道上，合約無期限。也就是說，消費者永遠無須為汽車的事勞神。不論是取得、保養、修理、保險、登記、檢驗、換車，甚至加油，都不是問題，消費者完全無須費心。消費者按使用時間和里程數，付費給供給者。消費者與動力汽車公司的關係是永續的——只要供給者能以成本效益方式解決問題。消費者無須再費時勞神於複雜的汽車消費與供給問題。供給者則必須明辨每一個消費者的需求，並提供解決要素。

　　為了達成這個目的，動力汽車公司必須和每一家汽車製造商維持關係；因為每個消費者喜愛的汽車廠牌和款式不同。為了讓每一個消費者滿意，動力汽車公司必須適時適地，把顧客中意的汽車擺在顧客的車道上。

　　有些消費者認為沒必要擁有自己專屬的汽車。他們願意和別人共有一輛車，或使用計程車或禮車，這些消費者無須和動力汽車公司打交道。但多數消費者，因應不同狀況，需要有自己的汽車，有時也與別人共用車（計程車或禮車）。因此，動力汽車公司或許願意增加供給要素，以全盤解決消費者的問題。

　　動力汽車公司還必須建立服務網，或許結合傳統車商和租車公司的這個新角色功能。這個服務網由動力汽車公司掌控，能提供高水準服務，無須顧客為了汽車操心。

此外，交通供給者還必須與財務公司和保險公司建立關係。這兩類公司可能是汽車的真正所有權人及保險人。這兩類公司與目前的租賃公司不同；後者針對汽車交易，更因為經常錯估汽車的殘餘價值而遭受損失。交通供給者無須為了管理車隊大傷腦筋，因為二手車可以給價格敏感型的顧客使用。結果，汽車由出廠至報廢，都只有一個所有權人——即財務公司或動力汽車公司。我們稍後將看到，這種未來的解決方式具有若干優點。

最後，交通供給者必須解決回收問題。我們目前的物品用壞即丟棄——在這裡，污染問題以稀釋方式解決——進入多數物品都必須資源回收的時代。動力汽車公司是汽車的管理人，必須與資源回收公司共同解決回收問題。幸好，動力汽車公司有汽車製造商給予的資訊，並蒐集汽車在使用期間的資訊，得以符合成本效益方式，解決回收問題。我們將隨即討論這個議題。

適合動力汽車公司這個角色的，可能是大型車商，如近幾年成立的AutoNation（美國最大的汽車零售商）。他們只須略為轉換自己的角色，由原本的買賣新車和二手車業務，轉為持續管理眾多汽車並經營顧客關係。另一個可能是租車公司，對於管理眾多車輛，並短期出租給陌生人使用，已有相當豐富的經驗。

不適用上述概念的公司——但他們仍會嘗試——即是聲譽卓著的汽車製造商。他們夢想著與顧客更親近，並試圖排除傳

統車商居間仲介。汽車製造商想成為交通供給者的最大障礙在於，他們只偏好自己產製的汽車，但眾多消費者卻有各自喜愛的廠牌。

例如，1991年的汽車銷售衰退期，當時通用汽車公司的研發副總裁唐・陸科（Don Runkle）提議，通用汽車的經銷商以行駛里程數為計價單位賣車，使顧客無須再為汽車的事勞神。這個概念使汽車經銷商成為通用汽車的合夥人，而不是競爭對手。因為通用汽車推出這項新商品，吸引顧客到經銷商處，而通用汽車自己也賺進鈔票。

別克部門（Buick Division）的總經理同意進行試驗。然後問題來了：應該供應哪些廠牌的汽車？陸科認為，為了吸引更多顧客，應該供應多種廠牌車輛，包括豐田汽車。於是這項提議就此胎死腹中。即便經過估算，如果通用汽車也販售豐田汽車，比起只販售別克汽車，通用汽車和經銷商都將獲利更多。但是，販售競爭對手的商品，對於通用汽車的管理階層而言，實在是一個難以突破的觀念[6]。

對於汽車製造商而言，交通供給者直接面對顧客，將使經銷商體系瓦解。但汽車經銷商的地位受到各州及已發展國家的法律嚴密保護（雖然我們認為這些法律不公平），而且這些規定在歐洲某些國家已逐漸鬆綁。較理想的方式為，現有汽車經銷商必須另覓創造價值的業務，譬如協助交通供給者——而不是汽車製造商——提供消費者更多的選擇，以因應消費者不同的需求和偏好。

解決方案思考法的優點

我們在本書開頭即指出，有錢人總是能滿意地解決他們生活上的問題。史帝夫‧賈伯斯（Steve Jobs）和保羅‧艾倫（Paul Allen），都無須為修理屋宅、個人物流和健康保險的事煩心。不令人訝異的是，當我們描述「解決方案經濟」的想法時，聽眾第一個反應是聽起來很吸引人，但除了有錢人以外，恐怕成本太高。許多聽眾並指出，由於收入有限，他們必須耗費許多時間，整合並解決諸多問題。

事實上，以解決為重點的方式，可以節省消費者和供給者的總成本。我們檢視每一個解決方案的價值溪流，包括消費者和供給者由開始至結束的每一個動作，使消費者能獲得一整套物品和服務，以解決問題。這個檢視過程，即能清楚呈現節省成本的效果。

平緩需求

進行檢驗的時候，取一張方格紙和一枝鉛筆（或滑鼠及PowerPoint），以橫軸為年份，縱軸為行駛公里數；標示你每年在美國（或任何已發展國家）開車的公里數。你將發現各個點連成一條直線。或是繪出歷年搭機旅行里程數，吃飯開銷，住宅平方面積，發送電子郵件位元數，寄送物品件數，都呈現一直線，只是有不同上升的角度。這些圖形顯示，消費者使用物

品及服務以解決問題的數量，相當穩定。因為每個人的穩定度
都相當高，解決基本生活需求的狀況也相當穩定。

如果你在同一張圖表上，標示每年完成交易或安裝的汽
車、飛機、房屋、電腦、電話數量，將發現圖形相當紊亂。圖
形上下起伏，沒有固定的方向。這種情形的第一個結果是，造
成大量商品存貨。第二個結果是，為了應付銷售尖峰點的需求
量，投入不合理的生產資源，導致產能低度利用。例如。2005
年，停放在汽車經銷商停車場的汽車，價值高達800億美元；
而且多數汽車裝配線仍然處於低度使用狀態。

更糟的是，價值溪流每一個點的大量存貨和超高產能，使
每一家公司都努力放緩運作，以免造成下游廠商的負擔。最糟
糕的是，就傳統產業經理人的觀點而言，這種混亂局面嚴重影
響營收數字。基於假性需求而產製的商品，顧客根本不需要，
使得銷售期間拉長，存貨愈來愈多。

我們來想像未來的世界會是什麼模樣。廠商不再為了消化
庫存而舉辦各種促銷活動，結果消費者反而不購買；而是消費
者自交通供給者、住宅供給者、通訊供給者取得商品，並與供
給者根據未來的需求事先規劃。我們曾在第7章中，討論以這
種概念銷售汽車的情形。現在我們來看看，這個概念也適用於
耐久性商品和持續性服務。

消費者只須做一點點規劃——與某交通供給者合作——以
獲得消費者需求的汽車；供給者即能於數個月或數年前進行作
業，向生產廠商訂購消費者指示規格的汽車。汽車自生產工廠

送來時（因為事先預訂，所以價格便宜），供給者即可在消費
者無須費神的情況下，以新車汰換舊車。供給者也可以將顧客
汰換的舊車，賣給其他顧客，因為有些顧客根本不在乎開二手
車。這些顧客真正需要的是可信賴的車子性能。

這種購買方式開始運作之後，交通供給者將與汽車製造廠
訂立長期且數量穩定的購買合約（根據顧客的需求量），於是
整個價值溪流的庫存量將穩定減少。商品的總成本將實質降
低，進而降低單一窗口供給者的管理作業和車隊的成本。

如同我們在第7章見到的，有些消費者希望立刻獲得想要
的汽車。這也沒問題，如果消費者願意為了便利性支付較高價
格，而且生產者也能保留若干空間給緊急訂單。如果緊急訂單
只佔總訂單的一小部分，而且總訂單的數量相對穩定；單一窗
口供給者即能與生產廠商合作，滿足即時需要的顧客。相對
地，事先規劃的顧客則能降低成本。

我們將這個概念運用於通訊、住宅、醫療、財務管理、個
人物流等消費項目，仍然呈現同樣的結果。如果消費者對於自
己的需求，能與供給者持續溝通，將使訂單流程更平順，進而
使消費者以較低成本獲得所需。

資訊科技如何支援解決方案經濟

另一種順暢需求並減少成本的方法，在於充分利用現有並
快速發展的科技。現代商品都有內建功能，能顯示產品本身的

狀況，並於需要時要求檢查。不論汽車、通訊用品、電腦、家電用品，甚至人體（運用貼片或植入性診斷器材），都有能力於發生問題時迅速告知他人，並建議因應方法。

假設你家中所有的電子和電器商品，都經由網路，與你的住宅供給窗口連線。而且假設你的住宅供給窗口，擁有你所有家電設備的所有資料[7]。住宅供給者持續監督所有設備的狀況，並在必要時派遣適當的技師，攜帶需用工具和零件前往你家，於設備失去效能前即進行修護。

而且，住宅供給者擁有龐大顧客群，經過長時間資料蒐集，可以更加了解各種設備損壞的情形和原因。如同我們在第3章討論的服務台功能，住宅供給者可以將這些資料傳遞給生產廠商，並建議改善方式。這種做法可以降低修理成本，更重要的是，可以減少對於修理設備的需求。

如果各種設備能經由網路與供給窗口連線，昂貴的客戶服務成本即可降低。這一點非常重要，因為轉型為解決經濟最重要的事項，即是大幅縮減消費者的不支薪工作——以汽車為例，用於修理、檢驗、保養甚至追蹤訂單耗費的精力——並轉換為解決窗口必須支付的人事成本。如果這些事務如同消費者自己操作時期一樣低效率，則顯然只有有錢人才能享受解決窗口的服務。

我們再一次回頭討論交通的例子。目前的先進科技，包括車輛全球衛星定位系統，使得交通供給者能毫不費力地管理數千輛汽車。汽車可以自動顯示目前位置和狀況——行駛里程

數、定期保養時間、目前運作問題。發生緊急狀況時，也可以
發出求救訊號。這些資訊可以轉化為規劃資料；而且顧客可以
藉由網路和電子郵件，說明目前及未來的需求。未來，汽車不
但可以報告目前的狀況，還能經由預診裝置，事先發出故障警
訊。供給者並組織服務團隊，於接獲顧客求助電話時，立即透
過網路，安排技師攜帶適當工具和零件前往救援。這種方式，
無須花費巨大成本即能維修龐大車隊（取得這些資訊牽涉個人
隱私問題，我們即將進行討論）。

設備，尤其是軟體，在解決方案供給者的掌控下，將改變
供給者的工程邏輯。解決方案供給者希望，商品設計進步至安
全無虞，並提高耐久性，最好無須維修。如果解決方案供給
者，因為商品必須經常維修而遭致損失，則商品將奇蹟似地有
所改良。供給者根據使用量收費，將賺進更多鈔票，因為固定
使用量的總成本將降低。

目前許多商品隱含一項假設，即消費者願意花許多時間，
進行故障排除或進廠修理。想想看，如果比爾‧蓋茲必須去消
費者家中排除軟體故障，或是比爾‧福特必須為顧客換機油或
換零件，將是什麼樣的狀況？微軟的軟體會有這麼多問題嗎？
福特汽車必須在前十萬哩里程，每七千五百哩換一次機油，並
進行多次定期保養和多次更換故障零件嗎？解決方案供給者當
然希望商品的品質更好，許久才需保養一次，而且商品壽命更
長。

更耐久的商品設計，加上靈巧使用電腦，以及平順的需求量，能降低消費者的實質成本，低於現在的成本（各獨立要素的加總）。我們相信，經過若干時日，每個消費者都可以獲得符合成本效益且低總成本的解決方式。

解決方案思考模式對於整體社會的好處

以解決問題為重心的思考方式，對社會亦有好處；因為將目前產業文明的外部事務內部化，事情將更簡單且成本較低。我們已說明，商品的設計將朝更耐久的方向進步，而且解決方案供給者將降低商品有效期間的總成本——包括能源成本——因為這些供給者自送貨至回收，實質掌控商品。如此，消費者的交通、住宅、通訊，或任何消費項目，都能減少資源和能源浪費。目前許多商品效能不彰或提早報廢，原因在於千萬消費者不了解商品性能，或不懂得充分利用商品，或不懂得將商品升級；寧可購買新商品以汰換舊商品。

由規模龐大、運作良好的公司，管理眾多消費者的資產，也較能符合環境保護和安全規範。譬如，一億兩千萬美國汽車車主，或是大型交通供給者，哪一個較願意掏錢改善廢氣排放或安全設備？顯然後者擁有較完善的改良廢氣和改進安全設備。而且，如果他們不按照法定標準進行改良，後果將相當嚴重。

解決方案思考模式的挑戰

目前我們已完成較簡單的部分。我們說明了解決方案觀念，並描述它的優點。但我們向企業提出這些想法時，對方通常認為有三個問題。

首先，他們指出，解決方案供給方式需要全新的企業組織模式；而且他們不清楚，價值溪流如何垂直整合各種型態的公司。這些公司包括解決方案供給者、要素生產者（汽車、軟體、支援作業）、零件供應者、原料生產者。而且，解決方案的平行整合也不明確。交通供給者是否應該解決所有的交通問題，還是只解決私家車問題？住宅供給者只負責住宅例行維修，還是也必須處理改建和升級問題？此外，目前企業擁有的眾多資產，突然成為一種風險。誰來「建構」各價值溪流？誰來處理多餘的資產？

其次他們指出，隱私權也是個大問題。因為解決方案供給者的效率，與消費者願意與供給者分享多少資訊有關。如同某人說：「要獲得持續性協助，表示供給者必須永遠知道我在哪裡，如何使用汽車。他們希望獲得的資訊，可能超過我想給的。」許多人擔心，解決方案供給者將蒐集到的資料，販售給配偶，或垃圾郵件寄發者，或政府單位[8]。價值溪流中，愈上游的供給者知道得愈多，愈能徹底解決下游消費者的問題。因為每個人都知道，知識就是力量。

最後，他們提出一個伴隨隱私權的問題，即被囚禁的感

覺。消費者擔心，他們耗費時間和精力，選擇某個供給者提供某項解決，結果卻是將自己囚禁在供給者的鍍金牢籠裡。事實上，商業上「解決方案」這個詞彙的原始意義，即隱含囚禁風險。IBM於1950年代的廣告中，即宣傳自己是每一家企業的「資料處理解決者」，為客戶安裝軟硬體，進行原始碼維護及升級。這個做法效果相當良好，而且如同某個老笑話所說，購買IBM的產品絕對不會被公司炒魷魚。然而，這種方式卻導致企業經理人的幽閉恐懼症，演變成軟硬體分開購買，而且也不向同一廠商購買機器。

根據上述經驗，以及我們這時代私有財產至高無價的觀念；我們的聽眾明確告訴我們，鍍金牢籠不是「解決方案」。

面對挑戰

幸好，這些質疑都有簡單的答案。

設計新價值溪流，以及用資產來冒險，原是企業的本質；我們已在第9章說明。許多企業在1990年代末期，雖都曾運用先進科技解決錯誤問題，但企業家的本能仍像以往一樣強而有力。我們的目的只在於喚醒企業家的知覺（即創造精實思考者），並為他們指出正確方向。適用於單一窗口解決方案的最佳平行以及垂直整合方式，確實有待進一步試驗，但許多試驗只須重新配置既有資產，而不是購置新資產，因此風險相對較低。

　　一旦知覺被喚起，成功案例隨之而來，解決方案問題思考模式不會只吸引創業家族群。許多大型企業將發現，運用解決方案的方式，他們得以揚棄傳統模式，邁向新的未來。譬如，信用卡公司、旅行社、生產廠商、租賃公司、建設公司，都可以找到成為解決方案供給者的機會。

　　這些公司面臨的最大問題是，業界內的要素供給者（element providers）也想成為解決方案供給者。我們曾和許多公司直接洽談，知道他們確實有此想望。但根據我們的經驗，他們成功的可能性不大。解決方案供給者必須選擇要素供給者。要素供給者企圖轉型為解決方案供給者，將導致「資產退化」（asset backward）現象，也就是說，轉型後的解決方案供給者的真正目的，仍在於促銷舊事業產製的要素。

　　我們給予要素供給者的建議非常簡單：如果你希望成為解決方案供給者，你有兩個選擇：第一是賣掉你的事業，直接面對顧客，全盤解決他們的問題。第二是保留你的事業，並與新興的解決方案供給者合作；同時，拓展新的解決方案供給事業。但是必須在另一個產業，面對另一族群顧客，解決另一種問題。

　　至於隱私權問題，由於擷取資訊的價格持續降低，以及分享資訊愈來愈容易，供給溪流中的每一個環節，從簡單地供應零件給下游生產工廠，到生產工廠全盤解決最終顧客的問題，都非常重視隱私問題。因此，網路興起後短短數年，列有罰則的保護隱私規定，即成為企業運作的規範。解決方案供給者對

於顧客隱私的保護，將與其他為客戶管理資訊的事業，如信用評等、信用卡、資料處理等行業，完全一樣。我們認為，解決方案供給者的保護隱私原則應為：除非消費者自己授權同意，沒有人──除了法院命令──可以藉任何理由拿到個人資料。

最後，由於消費者和供給者合作期間愈久，運作效果愈佳。因此我們認為，消費者選擇或更換供給者，是一項最重要的挑戰。事實上，如果供給者能解決問題，消費者不會有更換供給者的必要。但是，如果消費者覺得供給者不符合成本效益或不負責任，即覺得有必要更換供給者。換句話說，如果供給者提供的是二流服務，或費用過高，將被消費者汰換。

幸好，新資訊科技──如果妥善運用的話──可以藉由網路競標的方式，得知各個解決方案的價格。消費者參考日前的競標價格，加總各個解決方案的價格，與解決方案供給者的價格相比較，即可快速判斷解決方案供給者的價格是否合理。

如果這樣還不夠，最終消費者可以仿效多數生產廠商，自1990年代初期開始實施的辦法，即大幅刪減供應商數量，針對每一個問題，只與兩家供應商維持關係，然後就這兩家供應商裡，選擇較優良的一家進行交易。

愈是位於價值溪流上游，廠商愈傾向採用這個方式。也就是針對每一個問題，只有兩家或三家供給者。即便在這個階段，網路競標也能避免更換供應商，只要供應商供貨符合品質要求，而且判斷品質的標準相當容易訂定。顧客只要根據市場價格、品質標準、送貨狀況，即可判定供應商的優劣。

　　價格只是解決方案的眾多面向之一。許多問題，譬如醫療，解決方案的品質、消費者是否勞神費時、供給者對於顧客問題的反應是否靈敏，顯然更為重要。關於這些面向，類似J.D.Power的各種協會也陸續進行各種公開評鑑。如果有數千個小供給者，蒐集有用的資訊顯然太耗成本。但如果只有數個大供應商，這事就容易多了。我們認為，經過相當時間的運作，解決方案供給者將無可避免地日益壯大，以在快速變動的社會中持續解決消費者的問題。

　　我們預料，這些解決方案供給者，將即時且以合理價格提供高品質服務，以解決消費者的問題，使消費者完全無須費神。

機會點

　　由少數幾個供給者永久解決消費者問題，這個構想是否能成真，我們只須問一個簡單的問題。消費者是否願意選擇目前的方式，與持續增加的眾多供給者進行交易？而且這些供給者大都是陌生人，消費者必須耗費許多時間和精力。或是消費者願意以較低總成本，只與數個高品質的供給者交易，省卻不支薪的勞務？我們相信解決方案供給者必有市場需求；只是我們還不知道正確的形式和上市時間。

精實解決方案

到目前為止，我們已經討論相當多的內容。我們運用很簡單的工具，如每一個人都能在信封背面畫出來的供給消費圖，即可看出來：消費者必須付出相當精力，配合供給者的努力，才能解決問題。大量生產造成的大量消費時代，充斥超過平均需求的單一供給形式——大賣場、大型轉運機場、大型醫療中心——以及不斷增加、超過消費者真正需求的商品項目。我們必須超越這個時代。新消費時代的特點，即是以最低總成本——尤其是時間成本——解決生活上的問題。

我們提出若干簡單原則，稱為「精實消費」（Lean Consumption）。我們結合消費者的觀點和供給者的觀點，再次陳述這些原則：

- 全盤解決我們的問題。
- 不要浪費我們的時間。

- 供應我們真正的需求。
- 適地供應我們需求的價值。
- 適時供應我們需求的價值。
- 供應我們真正想望的價值，而不是現有的選項。
- 永遠全盤解決我們的問題。

真正的供給者能與真正的消費者合作，達到精實消費嗎？我們毫無疑慮地認為他們能做到──如果只是技術問題的話。發現長期問題的根本原因，移除價值溪流中浪費時間的步驟，適時適地提供正確貨品和服務，藉由資訊科技和新組織形式的協助，永遠全盤解決問題。這些方法都唾手可得。我們已在本書中加以討論。因此，問題不在於技術或組織，而在於我們。

我們都陷於一個龐雜且對立的消費觀念：我們與他們，陌生人與陌生人進行僅此一次的交易。大量消費時代確實供給我們許多好東西，尤其是種類不斷增多的精緻商品。但如同我們討論過的，由於缺乏宏觀思維，過多的選項事實上切割我們的生活成片段，而不是增益整體生活。

我們必須提升至一個較高的層次，認為消費和供給是一個共享的過程，每一個參與者都能清楚地共同審視問題，解決問題。我們必須整合腦袋中的兩個部分──即消費者的思考和行為方式，與供給者的思考和行為方式。目前這兩個方式彼此尖銳對立。

由於消費者無法帶頭改善不好的程序，真正帶領我們邁向

精實消費時代的必然是供給者。在現有的企業中，擔當這個重任的應該是價值溪流經理人；如果有必要創設新事業，則應該由精實企業家擔負重任。

我們認為，經理人在破碎程序中無可避免的角色，即是在必要時，向消費者解釋理由。但是，精實經理人的工作全然不同。他能清楚認知供給和消費溪流，並使消費者和供給公司都能了解運作邏輯。這一大步導引出雙方攜手實地巡看流程，以發現消費和供給如何結合成精實價值溪流，讓雙方都獲得實益。

同樣地，我們認為企業家都尋求一己之利，努力為自己爭取財富，不顧社會支付了多少代價。這種情形非常普遍。我們不難想像，企業家在價值溪流中，努力將自己的成本變成他人的成本，並鯨吞價值溪流的利益。

精實企業家卻考慮整個社會的利益，設計並落實新的供給溪流，與改良後的消費溪流相契合，使供給溪流能獲得高報酬，並加惠消費者。同時，精實企業家能提供消費者真正想望的選項。這就是亞當‧史密斯（Adam Smith）所說的──他總認為自己是個道德哲學家，而不是經濟學家──是市場競爭的結果。

精實供給與消費兼具環保優點。適時適地，在商品生命期內，以穩定的雙方關係供應消費者真正需求，可以降低原料使用，減輕環境的負擔。

轉型至精實消費能為社會帶來好處。精實供給者雇用技術

優良人員，與顧客合作解決問題。不像大量消費時代，供給者
雇用技術不良的員工，在表面的關係中，為顧客重複處理同一
問題。精實供給使得工作具有實質意義，而消費也成為社會活
動之一。

　　由大量消費轉型至精實消費，不是一年或十年即可完成。
事實上，我們還在起步階段。大量消費觀念不只深植我們腦
海，也影響資產配置方式和組織型態。規模龐大的產業官僚主
義不會無聲無息地消失。因此，本書的目的即在呈現精實消費
的基本觀念，以刺激消費者和供給者的觀念變革，加上本書描
述的大膽的經理人和企業家，合併思考供給和消費價值溪流的
例子，我們已在精實解決方案的途徑上前進。

註釋

前言

1. 譬如，The J.D. Power & Associates新車品質調查的研究報告指出，1998至2005年各廠牌新車的平均瑕疵率，減少33%。美國勞工統計局（The U.S. Bureau of Labor Statistics）編製的消費者物價指數顯示，自1990年代中期開始，一般規格的新車經調整後的實質價格，均呈現穩定下降的情形。

2. 參閱約瑟夫・派恩（B. Joseph Pine II）所著《*Mass Customization: The New Frontier in Business Competition*》。其中對於秉持這種策略生產者的詮釋，堪稱經典。

3. 至少到某種程度。參見貝瑞・史瓦茲（Barry Schwartz）所著《只想買條牛仔褲》（*The Paradox of Choice*，天下雜誌出版）。書中以心理學的觀點解釋，為什麼消費者的選擇超過一定數目時，即變得難以忍受。

導論

1. 從好的方面去想，地球自轉速度愈來愈慢。每一億五千七百萬年，消費者即多出一小時。

2. 參見約瑟夫・派恩（B. Joseph Pine II）、詹姆斯・吉爾摩（James H. Gilmore）所合寫《體驗經濟時代》（*The Experience Economy*，經濟新潮社出版）。書中陳述一個非常有趣的現象：許多消費者重視某種類型的消費行為——譬如外出晚餐、購買價格昂貴的商品——而較不重視貨品本身。這個現象確實存在。我們認為，這是因為多數人希望在眾多消費行為中，尋求較特殊的經驗。但享受特殊消費經驗，與不耗費時間與精力的消費不同。如果大多數消費行為都不耗時費神，即可將節省下來的時間和精力，用於享受特殊消費行為。

第1章

1. Andrew Tongue, John Whiteman, and Daniel T. Jones, Progress on The Road to Customer Fulfillment: ICDP Research 2000-2003. Solihull, UK: International Car Distribution Programme, 2003。國際汽車配銷專案（ICDP）是一個全球性研究專案，由汽車生產廠商、大型車商、零件製造商、融資予汽車業的機構、政府單位，給予財務支持。請由www.icdp.net

網站，查閱這個專案的詳細資料。丹尼爾‧瓊斯（Daniel Jones）是這個協會的創辦人，並於1993至2005年擔任協同總裁。

2. 精實思考者長久以來，以特定方法繪製生產程序的價值溪流圖。這些「消費行為圖」即仿效這個特定方法。若想要對生產環境中的價值溪流圖有更完整的了解，請參閱麥克‧魯斯（Mike Rother）、約翰‧舒克（John Shook）所著《學習觀察》（*Learning to See*）；關於此法用於整個生產流程的延伸，請參閱丹尼爾‧瓊斯及詹姆斯‧沃馬克（James P. Womack）合著的《*Seeing the Whole: Mapping the Extend Value Stream*》。

3. 敘述這項工作最完整的書為：Jonathan Gershuny所寫的《*Changing Times: Work and Leisure in postindustrial Society*》。

第3章

1. Philip B. Crosby, *Quality Is Free: The Art of Making Quality Certain*. New York: McGraw-Hill, 1979.

2. 這一段的素材，大都來自於史帝夫‧帕利（Steve Parry）。他曾擔任富士通服務公司在英國的策略及變革部門（Strategy and Change）主管。關於他的流程想法的摘要，請參閱Susan Barlow、Stephen Parry，以及Mike Faulkner合

寫的《*Sense and Respond: The Journey to Customer Purpose*》。

3. 在這個例子裡,獲得協助的顧客是BMI的員工,如使用不同廠牌電腦軟硬體執行劃位作業的員工。服務台也運用同樣方式服務最終顧客。

第4章

1. 豐田汽車對於日本境內的經銷商,有一套極嚴苛的資產擔保規定。這是全然不同的制度,我們在《臨界生產方式》第7章已詳細描述這個制度。在其他國家,豐田汽車則是將車子賣給車商,再由車商銷售予顧客。

2. 當時他是卡地夫商學院精實企業體研究中心的資深研究員,現在擔任ICDP的總裁。

3. 當時他是卡地夫商學院精實企業體研究中心的資深研究員,目前任職於精實企業體學院。

4. 這份報告後來刊印於:John S. Kiff, "The Lean Dealership-A Vision for The Future: From Hunting To Farming," *Marketing and Intelligence Planning*, Volume 18, Number 3, 2000, pp. 112-126。

5. 5S源自豐田汽車,為五個步驟,分別以S 開頭,以輔助目視控管和精實生產。

6. 關於麥瑞醫生的試驗結果,請參閱:Julie A. Jacob, "Same

Day Appointments Catching on with Doctors," *Amednews. com: The Newspaper for America's Physicians*, Jan 29, 2001, www.ama-assn.org/amednews/2001/01/29/bisa0129.htm。

7. 根據我們的經驗，最先肯定程序思考重要性的是護士，而不是醫生或醫院主管。至於醫生，在程序思考方面則是麻醉醫師領先；因為他們希望盡量縮短病人失去意識的時間，因此希望手術室的流程順暢。

8. 關於開放式看診，最近的研究報告請參閱：Greg Randolph, Mark Murray, Jill Swanson, and Peter Margolis, "Behind Schedule: Improving Access to Care for Children One Practice at a Time," *Pediatrics*, Vol. 113, No. 3, March 2004, pp.230-237。

第5章

1. 有些讀者質疑，商店的商品打折出售，為什麼不利於消費者？如果打折的是消費者需求的商品，消費者當然獲得實質好處。但是，所有鞋子的平均售價又怎麼說？超額生產，存貨過多，以及維持安全存貨量的管理制度，都隱含額外成本，必須由某人埋單。某人即是消費大眾，因為所有鞋子的平均售價高於所需的販售價格。也就是說，消費者在打折鞋子上所獲得的利益，少於平時以超額價格購買的鞋子的損失，因為鞋子的訂價高於所需的販售價格。但

大多數消費者只注意銷售價格,沒注意平均價格。

2. 關於價值溪流圖的完整說明,請參閱詹姆斯・沃馬克,丹尼爾・瓊斯合著:《全方位觀照價值溪流》(*Seeing the Whole: Mapping The Extended Value Stream*)Brookline, MA: Lean Enterprise Institute, 2002。

3. 請參閱Thomas Gruen and Daniel Corsten, "Rise to the Challenge of Out of Stocks," *ECR Journal*, Vol. 2. No. 2, Winter 2002。本書搜羅52篇來自全球的服務水準研究報告。作者指出,商品缺貨50%的原因在於,零售店預測錯誤及下單錯誤;25%在於店內的補貨方式不良;25%在於送貨不確實、資訊錯誤、上游廠商生產不順。

4. 最近數年,許多零售商變更以往由各分店經理自由下單,由上游供應商直接送貨至各分店的辦法;現改為由區域發貨中心供貨,以提昇服務水準(沃爾瑪或許是最顯著的例子)。這個做法相當正面。但由於傳統資訊管理制度,以及送貨不夠密集,使得這個做法的效果大打折扣。

5. 部分讀者或許覺得這段敘述相當熟悉。它曾出現在彼得・聖吉(Peter Senge)的《第五項修練》(*The Fifth Discipline*)書中「啤酒遊戲」(Beer Game,編註:書中解釋為:這是指愈靠近供應鏈的上游,也就是愈遠離消費者的一端,需求與存貨的波動往往愈會擴大)的團隊存貨管理方式。但我們解決問題的方式與聖吉不同。

6. 最理想的情形為，資訊流與原料流緊密相扣。譬如，豐田汽車在同一個補貨系統內，向上游發出補貨訊號；並運用同一個補貨系統，向下游補貨。豐田汽車和上游供應廠商之間，如果雙方距離相當近，則以補貨卡替代補貨電子訊號。關於豐田汽車彈性後拉制度，請參閱：Art Smalley, *Creating Level Pull: A Lean Production-System Improvement Guide for Production-Control, Operations, and Engineering professionals*. Brookline, MA: Lean Enterprise Institute, 2004。

7. 《精實革命》第4章描述的豐田汽車零件配銷系統，仍然是最完整的例子。在北美地區，60%的零件供應商，每天產製並送貨至豐田汽車的地區發貨中心，以補足前一天發貨中心送至各車商的零件數量。

8. 請參見《精實革命》第2章。我們於1996年籌劃這個案例時，特易購剛成為卡地夫商學院精實企業體研究中心的贊助商，以進行精實思維運用於雜貨零售業的試驗。經過九年時間，現在特易購在罐裝飲料方面，幾近達成連續流；並將這個觀念運用於各種供貨溪流中的暢銷商品。這裡舉的實例是本書作者之一丹尼爾・瓊斯與卡地夫商學院數位研究員，在特易購進行的試驗。參見Daniel Jones and Philip Clarke, "Creating the Customer Driven Supply Chain," *ECR Journal*, Vol. 2, No. 2, Winter 2002。

9. 英國的調查研究顯示：送貨卡車在可使用時間的利用率只有28%；20%的時間為空車行駛；而且平均只裝半車貨物。參見Alen Mckinnon et.al, "Running on Empty?" *ECR Journal*, Vol. 3, No. 1, Spring 2003。相對地，豐田汽車與日本的7-11便利商店的綜合送貨制度，則同時進行送貨和取物。即送貨卡車班次頻繁，停留多個點，而且大部分時間滿載貨物；因此，運送既定數量貨品的總里程數實質減少。參見Hirofumi Matsuo, Yasuaki Takeda, "ECR: A 'Fresh' Look from Japan," *ECR Journal*, Vol. 2, No. 2, Winter 2002。

10. 對於銷售量暴增的情形，最好是個別處理。我們認為，如果企業愈懂得精實供給，以及愈懂得計算促銷活動的總成本和利潤〔實際成本高於經理人看見的「點成本」（point costs）〕，銷售量暴增的情形將逐漸消失。我們將在第6章零售商大賣場的部分，進一步討論這個議題。

11. 易腐壞商品的價值溪流也可以精實化。特易購參與英國政府資助的計劃，為紅肉、奶品、穀物等食品繪製供給溪流圖，上溯至生產農場。參閱David Simons, Mark Francis, and Daniel Jones, "Food Value Chain Analysis," in *Consumer Driven Electronic Transformation: Applying New Technologies to Enthuse Consumers and Transform the Supply Chain*, ed. by Georgis Doukidis et al, Amsterdam: Elsevier, 2005。

12. 關於這一點的經典論述，請參閱Frances Cairncross, *The*

Death of Distance: How the Communications Revolution Will Change Our Lives. Boston: Harvard Business School Press, 1997。

13. 許多對於精實思考有興趣的企業經理人,似乎認為,真正的精實制度,如豐田汽車,應該處處零庫存。但唯有在消費者需求量平順而且可預測,以及上游供應完全可信賴的情況下,才可能達到處處零庫存。精實思考者的目的,不在於零庫存;而是標準生產程序的價值溪流中,僅單點或少處幾個點有小量庫存。以鞋業為例,零售店應該零庫存;地區發貨中心應該有少量庫存,以因應突然暴增的需求;生產工廠應該有少量庫存,以因應上游供應商的突發狀況。這些即是豐田汽車所謂的「標準庫存」:其數量可以根據下游需求量的波動狀況,以及上游供應商的可信賴度,精確計算得出。

　　這些小量庫存即能維持高水準服務品質;相較於傳統處處有庫存,卻只能對最終消費者提供低水準服務品質。而且,前者數量只佔後者數量的微小比例。同等重要的是,少量庫存使發貨中心和工廠運作順暢;生產過程和送貨計劃,不會經常被暴增的需求量或短缺的供給量打斷,以致耗費更多成本。參閱 Art Smalley, *Creating Level Pull.* Brookline, MA: Lean Enterprise Institute, 2004。

14. 我們覺得很奇怪,為什麼鞋公司總是費力找尋全球最佳生產地?我們概略計算總成本後發現,不同市場的最低總成

本，其生產地並不相同。換句話說，供應美國鞋市場的最佳生產地，與供應歐洲市場或中國市場的最佳鞋子生產地並不相同。

15. 請注意，「總成本」包括生產工廠、鞋公司、零售商、運送公司，所耗費的總成本。

16. NuSewCo是一家實施所謂「豐田縫製制度」（Toyota Sewing System）的工廠。這套制度由日本豐田集團旗下精實製衣公司先採用。由於採用這套制度，NuSewCo工廠近幾年來的勞動生產力增加一倍。如果不實施這套方法，NuSewCo在加州地區可能不具價格競爭力。

17. 我們在巴西、土耳其、波蘭、墨西哥等國，設立非營利性的精實學院，教授精實方法。我們希望未來數年，能設立更多教學機構。

18. 關於生產地和消費地的問題，請參閱 James P. Womack, "Lean Location Logic," Brookline, MA: Lean Enterprise Institute, 2005。

19. 蒙古包由蒙古人在蒙古製造並使用。但在北美地區，也產製改良型的蒙古包，供北美地區的消費者使用。

20. 還有一個議題，即是規模經濟的最小生產量。傳統的大量生產思維者，通常請教機械業或零件業者，關於技術方面的問題。他們被告知，對某些商品而言，規模經濟即是在一個房間內，用一台機器，產製全世界所需的該項商品數量——以目前而言，應是電子小零件。

於是我們提問一個問題：為什麼在一個房間內產製十億個零件，比分別在十個靠近消費者的房間內，各產製一億個零件，前者成本較低？統計資料又在哪裡？結果是根本沒有資料。生產程序設計者（通常在電子設備供給者處工作）根據科技邏輯導出結論，認為機器愈大，運轉愈快，產量愈高，單位成本也愈低。因此，沒有人去思考「適當規模」的生產程序，使能以最低成本因應分布廣泛的眾多市場。多年前，豐田汽車深入思考這個問題，設立適當規模的生產程序，而不聽取供應商的建議。我們希望你也能仿效豐田汽車的做法。

第6章

1. 任何一項商品，只要規格略有不同，即另設庫存單位（編註：在生產者或流通業者於執行庫存管理或商品管理時，商品之最小分類單位）。譬如，我們前一章提到的可樂。每一種口味——可樂、瘦身可樂、經典可樂、櫻桃可樂——都各自有庫存單位。同一口味的可樂，因包裝容量不同——十二盎司罐裝、三十二盎司寶特瓶裝、六十四盎司寶特瓶裝——也各自有庫存單位。同一商品，容量相同，但包裝數量不同——單罐可樂、六罐一包可樂、二十四罐一箱可樂——也各自有庫存單位。此外，我們稍後將討論的促銷活動，同一商品，容量相同，包裝數量也相同，也自創一

個庫存單位;因為促銷活動的內容為「買一送一」,兩罐包在一起等等。這些訊息都在商品條碼裡,零售商只須在結帳櫃檯掃描條碼,即可獲知庫存狀況。

2. 在大賣場裡購物,我們常興趣盎然地檢查包裝,藉以了解究竟多了幾個步驟,以「節省」成本。譬如,兩罐包成一組的大罐芥末醬,必須多兩個步驟:每一罐芥末的商品條碼上都須貼上一張貼紙,使結帳櫃檯的掃描器不會誤以為是單罐芥末;此外,用塑膠膜將兩罐芥末包裝後,還必須再貼上一張新條碼。我們造訪某家雜貨製造商時聽說,近年大賣場數量增加,這種銷售方式愈來愈普遍。這家生產廠商30%的產品都必須重新包裝,每次包裝都多出好幾道步驟,方便在大賣場銷售。大賣場食品貨架上的東西較便宜,有幾個原因,但包裝經濟可不是原因之一。

3. 由於曾發生數起糾紛,鄰近社區居民抗議大賣場造成交通壅塞,因此北美和歐洲地區,在人口密集區設置大賣場愈來愈困難。

4. 顯然地,所有八萬項庫存單位必與家用有關,否則就不會擺在賣場裡。問題在於,成千上萬個家庭共用一個賣場,但每一個家庭的需求都不盡相同。

5. 這個觀點的經典論述,請參閱:Naomi Klein, *No Logo: Taking Aim at Brand Bullies*. New York: Picador, 2000。中譯本《*No Logo*》時報出版。

6. 對於這項傳統的敘述及其弱點，請參閱：Clayton Christensen and Michael Raynor, *The Innovator's Solution: Creating and Sustaining Successful Growth.* Boston: Harvard Business School Press, 2003。中譯本《創新者的解答》天下雜誌出版。

7. 關於這點，克雷頓・克里斯汀生（Clayton Christensen）和邁可・雷諾（Michael Raynor）有一句名言：「顧客雇用某項商品做某項工作。」同一商品，因顧客所處的情境不同，可能執行不同的工作項目。以奶昔為例，通勤族清晨去上班的路上買一瓶，做為快速早餐；晚上，同一個顧客去同一家商店買同一奶昔，則是給孩子當宵夜。我們將這種情形深化，認為顧客因所處情境不同，會去不同規模的店家購買同一件商品。我們將在第10章進一步探討這個問題，並指出，顧客去商店並不全然是去找某項商品，而是希望輕鬆解決問題。

8. 確實，特易購目前在英國的大賣場，市場佔有率達29%，正面臨政府反壟斷法的問題。最近，反壟斷委員會否決了特易購併購Safeway的案子，使得特易購更加努力於發展規模各異的店，讓市場佔有率能繼續成長。

9. 特易購及其做市場研究和軟體服務的子公司 Dun Humby，如何分析堆得像山高似的會員卡，請參閱 Clive Humby, Terry Hunt, and Time Philips, *Scoring Points: How Tesco Is*

Winning Customer Loyalty. London: Kogan Page, 2003。中譯本《捉住你的客戶》良品文化出版。

10. 請參閱：Isao Shinohara, *NPS-New Production System: JIT Crossing Industry Boundaries*. Norwalk, CT: Productivity Press, 1988.

11. 關於7-11的故事，請參閱：Hau Lee, "The Triple A Supply Chain," *Harvard Business Review*, October 2004。

12. 如同亞瑪遜網路書店向讀者推薦新書，食品也可以採取同樣做法。如果你成為長期顧客，亞瑪遜的軟體將檢視你的購書傾向，自動向你推薦適合你的新書。這個觀念可以推廣至每一種商品。商家只推薦你感興趣的新商品，不會讓你浪費時間在成千上萬件你不感興趣的商品上。但目前供給者測試顧客接受度的方法為：每年將琳瑯滿目的各式新商品擺上貨架，讓顧客在雜亂中搜尋，最後95%的新商品慘遭淘汰。

13. 這是日本人觀察自然生物獲得啟發的典型例子。水蜘蛛從這個掠食點，快速滑過水塘表面，前往下一個掠食點。這種小生物快速頻繁的移動方式，已成為全球豐田汽車關係企業材料運送人員的作業方式。作業細節請參閱：Rick Harris, Chris Harris, and Earl Wilson, *Making Materials Flow: A Lean Material-Handling Guide for Operations, Production-Control, and Engineering Professionals*. Brookline, MA: Lean Enterprise Institute, 2003。

14. 關於材料遞送制度結合資訊傳送制度的說明，請參閱 Art Smalley, *Creating Level Pull.* Brookline, MA: Lean Enterprise Institute, 2004。

第7章

1. 請參閱大塊文化《DELL的秘密》(*Direct From Dell*)。書中說明這套生產制度的價值意義和部分運作情形。關鍵點在於，戴爾電腦只在接獲訂單後才進行產製，並要求零件供應商在戴爾全球六個組裝中心鄰近設廠。零件供應商以少量密集方式供應零件，使戴爾的組裝中心只須貯存四至六天零件庫存量。這些想法都已落實，只不過所謂組裝中心鄰近的供給者（工廠），事實上是零件供應商的倉庫，貯存自世界各地運送來的零件。

2. 這些設施是戴爾特意安排的，以符合供給者必須鄰近組裝中心的原則。

3. 當然，零件供應商必須面對自己的產能問題。有時候即便使用空運，也無法快速滿足下游廠商的需求。

4. 電子業的戴爾，也面臨鞋業公司如愛迪達、銳步、耐吉同樣的問題。生產者最迫切需要的部件，集中於東南亞少數幾家工廠；而且到目前為止，並沒有誘因引導這些廠商進行生產基地全球化，以接近客戶。我們認為，如同我們在第6章說明的，這個情況將在下個十年獲得實質改善。電子

生產廠商（或鞋類製造廠商）將多數零件供應工廠，轉移至鄰近最後組裝和測試中心，還需要一段時間。

5. 請參閱Carliss Y. Baldwin and Kim B. Clark, *Design Rules: The Power of Modularity*, Cambridge, MA: MIT Press, 2000。

6. 關於汽車業庫存情形的歷史，以及業者邁向按訂單產製制度面臨的問題，請參閱：Matthias Holweg and Fritz Pils, *The Second Century*, Cambridge, MA: MIT Press, 2004。

7. 汽車製造業者必須考量「生產線均衡」問題。由於陽春車和超級豪華車的組裝工作差異很大，使兩者不能共用一條生產線。汽車業者也必須考量零件問題，即較少接獲訂單的特殊車型，零件供應商和材料商都必須特殊處理。

8. 國際汽車配銷專案研究過這個問題。論文題目為：*Fulfilling the Promise: What Future for Car Distribution?* Solihull, UK: International Car Distribution Programme, 2001, p. 7。

9. 部分原因是目前航空公司實施的奇怪措施：沒有趕上飛機的乘客，可以退款或改搭下一班。相對地，如果你訂購一輛汽車，於約定交車日沒有去取車，結果那輛車不見了。這時候，車商不會免費賠你一輛新車。

10. 此外，航空公司還有停留期間條款，包括惱人的「週末期間停留」，以區隔較在乎價格的週末渡假者，和較在乎時間的商務旅客。

11. 再重複一次，消費者於不同時間處於不同情境。我們搭同

一班機去同一個地方，因時間不同而價值不同。供給制度
必須因應消費者對價值的不同定義，否則，即無法決定供
給者應該供應什麼商品。

12. 請注意，並非所有商品的規格或配備都已事先規劃確定。
依照定義，這是不可能的。所謂事先規劃是指預留10%的
空間——以汽車裝配線而言，指每十輛車的第十輛——而其
他90%的商品在十天的迴旋空間內完成產製，如此，全然
確定的配備可以在商品上線那一刻敲定。

13. 或許我們過度擔心，深怕讀者們受蠱惑。但我們認為汽車
銷售員，是好人在壞程序中的最壞示範，經過若干時間，
他們即變得和他們所投身的行業一樣「壞」。

14. 美國和英國以外的讀者，或許不熟悉這個詞彙，但必然遭
遇過這類騙局。數十年來，汽車商在顧客簽訂購車合約
後，立刻進行遊說，指汽車必須立即保固——最常用的方
式是，在汽車底盤噴防鏽漆，以避免鏽蝕。業者宣稱，這
道手續對於保護車主的新投資非常重要。汽車專家則指
出，噴防鏽漆的價格高昂，但效果有限。但是，一個謊言
被拆穿，業者隨即會編造另一個謊言來誘騙顧客。

第8章

1. 參閱：Alfred D. Chandler, *Strategy and Structure: Chapters in
the History of the American Industrial Enterprise.* Cambridge,

MA: MIT Press, 1962。

2. 關於這一段，我們必須向通用汽車品管副總裁肯特・席爾斯（Kent Sears）致謝。他運用類似方法，重新思考通用汽車的核心事業程序，並與我們分享心得。

3. 請參閱：Michael Hammer and James Champy, *Reengineering the Corporation: A Manifesto for Business Revolution*, New York: Harper Business, 1993。

4. 請參閱：Cindy Swank, "The Lean Service Machine," *Harvard Business Review*, Vol. 81, No. 10, October 2003, pp.123-129。對於他們的進步情形，我們也做了進一步調查。

5. 精實生產原則，請參閱詹姆斯・沃馬克、丹尼爾・瓊斯合著《精實革命》（*Lean Thinking*）的1至5章，中譯本由經濟新潮社出版。

6. 請參閱：Rick Harris, Chris Harris, and Earl Wilson, *Making Materials Flow*. Brookline, MA: Lean Enterprise Institute, 2003。

7. 這是戴明根據程序變革的科學方法，所設計的循環式系列行動：提出變革要求、進行變革、評估成果、採取適當行動。系列行動分四個階段。(1)計劃：確定程序的目標，以及達成目標必須進行的變革。(2)執行：進行變革。(3)檢討：根據績效評估成果。(4)行動：根據成果，將程序標準化安定化；而後開啟另一個循環。

第9章

1. 在《精實革命》書中，我們舉出兩個親身經歷的飛行經驗。一次由紐約至荷蘭，一次由英國至克里特島。許多看過這本書的讀者告訴我們，這兩個實例正是他們搭飛機實際經驗的翻版。對於眾多旅者而言，搭飛機確實是可怕的經驗。我們選兩個神祕城市做為我們的起點和終點，以掌握討論重點。

2. 相對於第6章在月台之間移動的消費性商品，顧客卻是提著行李，徒步在航站內移動。

3. 在這種情況下，各個航程的成本非常難以計算。因此，航空公司於新競爭者加入時，只須運用利潤管理電腦系統，立即可以算出淘汰新競爭者的新票價。更重要的是，如此可以規避反競爭的相關法規。

4. 如同我們在第7章見到的，如果商品不同，差價制度對於產製程序甚為重要。因為生產者立即滿足各個消費者的確實所需，即遭遇實質成本的問題。因此，對於汽車、電腦這些商品而言，區隔能事先規劃與不能事先規劃的顧客相當重要，並以較低價格供應能事先規劃的顧客。航空業是差價制度的創始者，每個商品各自不同——除了頭等艙的座位較大，而且有免費飲料——因此每個座位的價格也不同。

5. 即便某點對點航線有許多航班，想買一張在機場可以更換

航班的機票，也是不可能的。即便自家航空公司轉機的航
班無法節省顧客的時間，航空公司也不與其他公司合賣機
票。此外，航空公司相當倚賴網路購票，不與旅行社合
作，以簡化旅程複雜乘客的購票手續。所以，顧客購買單
程票的比率相當高。

6. 我們最喜歡用的指標為：我們在飛機上使用筆記型電腦，
無須擔心前座旅客後躺時，電腦會掉落地上。

7. 近幾年我們曾經聯絡數家航空公司，探尋精實思維能否應
用於他們的運作。他們比較感興趣的問題為：如果疏散尖
峰時段的航班於其他時段，能否提昇營運？問題在於，這
樣做固然可以節省航空公司的成本（藉由增加飛機和人員
的利用率），卻增加乘客等候轉機的時間。有一個比較好但
航空公司目前不感興趣的做法：原本一班的航次，由座位
數一半的小飛機，飛航兩班，以平均分散飛機班次。如
此，旅客等候轉機的時間不會增加，航空公司的資產利用
率也提高了。

　　此外，可以讓乘客由機艙的前後門同時登機；而且讓
每一個乘客有屬於自己的行李格，與座位號碼相同，以節
省堆高機裝卸行李的時間。這些構想與精實思維者簡化生
產線作業的觀念類似。

8. 奇怪的是，有些航空公司（如大陸航空等），試行以較小的
飛機（以波音757取代767）飛越大西洋航線，而且整架飛
機都是商務艙座位。這個做法的目的在於區隔乘客，使往

來歐洲和美國小城市的顧客能直飛目的地，無須經由機場轉機；而在這班飛機上的乘客，都以相同票價獲得同一商品。這種做法還能更進一步，即以更小的飛機（波音737或空中巴士A320S），在適當的距離間，飛航更小的城市，以便利商務旅客。

9. 我們曾請教已退休的波音飛機公司首席工程師羅伯特・勃朗（Robert B. Brown），能否為我們製造小型「精實」飛機，能在落地幾分鐘之內就掉頭返航，維修一次即能飛航數天，而且噪音低以適用小型機場。這些條件雖然只是構想，但顯示設計者如果能超越傳統思維窠臼，即能有許多新構想。

10. 我們提出這個觀念時，常有讀者回應：這種做法將增加消費者的不支薪勞務。但仔細想想，你願意在機務人員做這些工作的時候，在航站等三十分鐘，又在飛機上等二十分鐘嗎？還是你願意和機務人員合作，分擔一些工作，以節省時間？有些點對點航空公司的做法，如西南航空，我們相當讚賞。他們詳細向顧客說明登機和下機程序，使乘客能與機務人員合作，快速上下飛機。我們發現，經過詳細解說而且節省眾人時間的精實程序，消費者非常願意配合。

11. 這類飛機的創始機型Eclipse 500，只有五個座位和一位航員，以噴射機速度飛行，售價約130萬美元。其他的造機計劃還包括Adam Aircraft A700、Cessna Citation Mustang，

以及Embraer VLJ。最後這款機型或許最重要,因為這是由傳統商業飛機製造商,產製的第一架每日高使用率陽春機。

12. 還有一個重要的問題,即機場與鄰近社區的關係。在商務旅客住家附近起飛降落,飛航尤其必須達到零噪音的高標準,而且必須進行道路改善,不能影響機場附近的交通。

13. 部分原因在於,如果診斷錯誤,醫生和病患都將承受嚴重後果。因此,醫生若發現任何疑問,立刻轉介病患去看更專業的醫生,做更多測試。精實思考者希望,能有辦法使專業人員更接近病患,使之能在不降低醫療品質的狀況下,節省若干步驟和等候的時間。

14. 大型醫學中心迷宮式的複雜建築,確是我們生平僅見。醫學中心的多功能使命,或許是造成這個現象的原因。但醫學大樓的複雜程度,引發我們深入思考醫療照護資源的配置問題。

15. 思考這個程序能進展至何種程度,相當有意義。在紐約羅徹斯特(Rochester)的家醫科醫生戈登·摩爾(Dr. Gordon Moore),數年前即指出,這種簡化程度還不夠。他離開一家大型初級醫院,開設只有一個醫生的診所。他運用先進科技寫病歷,運用小型測試設備,以及電子郵件、語音信箱、電子帳單;而且為每個病人安排比一般醫院長的看診時間;使他得以在沒有接待員、沒有護士、沒有紀錄員的狀況下,單人在一個診間完成全部醫療程序(與另一個醫

生共用候診室）。他成為真正的單人執業醫生，無須購置資產，也無須支出事務費用。摩爾說，他99%的病患，都能在打電話來的當天獲得看診；許多長期病患則透過電子郵件和語音信箱獲得診治，無須親自前往診所。還有，病患的各項指數——血壓、血糖、膽固醇——比他離開大醫院時都有起色。原因是病患由熟悉他們病況的醫生照顧。請參閱 *Family Practice Management*, published by the American Academy of Family Physicians, Gordon Moore, "Going Solo: One Doc, One Room, One Year Later," March 2002, at WWW.aafp.org。

第10章

1. 奇妙的是，他們解決消費問題的方法造成一個新問題：必須管理為他們解決問題的人。媒體不時報導，大富豪們被為他們雇用的職工欺騙。這類八卦新聞，已報導週知的為數不少，沒有曝光的更多。「誰來管理管理員」這個與人類歷史同樣悠久的老問題，並非增加管理階層即可解決。最好的方法是減少對於管理的需求。

2. 這是赫伯特・賽門（Herbert Simon）的用詞。四十多年前，通訊方式比現在簡單許多，當時賽門指出，蒐集解決問題的所有相關資訊，比問題本身更麻煩。他安慰那些無法完美解決問題的人，無須自責。賽門指出：蒐集相當資

訊以做成好決策，比蒐集所有資訊以做成完美決策，兩者
相較，前者較為「理性」。諾貝爾經濟學獎的審查委員會，
或許因為太忙無法做出完美經濟決策，相當認同賽門的看
法，於是在1978年頒給他諾貝爾獎。

3. 參閱：Michael Porter and Elizabeth Olmsted Teisberg,
"Redefining Competition in Health Care," *Harvard Business
Review*, June 2004。這篇論文根據經濟分析的觀點指出，將
醫療切割為各自獨立的價值溪流，以處理不同的症狀，最
合乎經濟效益。我們贊同這項分析，並在第9章敘述類似方
法。但我們注意到另一點：運用這種方式，消費者解決自
身健康問題，必須管理許多供給者。

4. 另一個面向為：醫療制度是否確實了解病患的症狀，並持
續在最佳時點，給予最佳治療。這是另一個程序問題，但
不屬於我們討論的範圍。對於這個議題有興趣的讀者，請
上網查閱資料，網址為：www.ihi.org。

5. 這種方式，能大幅減少消費者外出購物對環境造成的衝
擊，尤其是對於溫室效應的衝擊。食物由農場到餐盤的價
值溪流顯示：消費者駕車去商店購物，回來擺進自家冰箱
的這段歷程，比起生產、儲存、分銷、零售這些流程的加
總，前者排放的二氧化碳量比後者還多。參閱：Simon,
David, and Robert Mason, "Lean and Green: Doing More with
Less." *ECR Journal*, Vol. 3, No. 1, spring 2003, pp.84-91。

6. 我們感謝丹尼爾提供這一段相關資料。這個概念在組織型

態適當的公司，必有光明未來。

7. 大型建商和設備供應者已朝這個方向邁出腳步。他們聯合投資Envision Life Style，建立完整的新住宅基本資料，包括結構細節和各種設備；網站為：Homebuilder Site（www.homebuildersite.com）。將每一個住宅的資料與建商及設備供應商連結，以便遭逢問題時立即進行適當維修。目前還沒有無須住戶勞時費神的單一窗口供給者，能提供所有的維修及服務。

8. 參閱：Jeremy Rifkin, *The Age of Access: The New Culture Hypercapitalism, Where All of Life is a Paid-For Experience.* New York: Jeremy P. Tarcher/Putnam, 2000.

參考書目

Baldwin, Carliss Y., and Kim B. Clark, Design Rules: *The Power of Modularity*, Cambridge, MA: MIT Press, 2000.

Barlow, Sue, Steve Parry, and Mike Faulkner, *Sense and Respond: The Journey to Customer Purpose*. London: Palgrave Macmillan, 2005.

Browett, John, "Tesco.com: Delivering Home Shopping," *ECR Journal*, Vol. 1, No. 1, Summer 2001, pp. 36-43.

Cairncross, Frances, *The Death of Distance*, Boston: Harvard Business School Press, 1997.

Chandler, Alfred D., *Strategy and Structure: Chapters in the History of the American Industrial Enterprise*, Cambridge, MA: MIT Press, 1962.

Christensen, Clayton M., and Michael E. Raynor, *The Innovator's Solution: Creating and Sustaining Successful Growth*. Boston: Harvard Business School Press, 2003. 中譯本《創新者的解答》天下雜誌出版。

Christensen, Clayton M., Scott D. Anthony, and Erik A. Roth, *Seeing What's Next: Using Theories of Innovation to Predict Industry Change*. Boston: Harvard Business School Press, 2004. 中譯本《創新者的修練》天下雜誌出版。

Crosby, Philip B., *Quality Is Free: The Art of Making Quality Certain*. New York: McGraw-Hill, 1979. 修訂版之中譯本《熱愛品質》由華人戴明學院出版。

Dell, *Michael, Direct from Dell: Strategies that Revolutionized an Industry*. New York: Harper Business, 1999. 中譯本《DELL 的秘密》大塊文化出版。

W. Edwards Deming, *Out of the Crisis*. Cambridge, MA: MIT Press, 1982. 中譯本《轉危為安》天下文化出版。

Evans, Philip, and Thomas S. Wurster, *Blown to Bits: How the New Economics of Information Transforms Strategy*. Boston: Harvard Business School Press, 2000. 中譯本《位元風暴》天下文化出版。

Gershuny, Jonathan, *Changing Times: Work and Leisure in Postindustrial Society*. London: Oxford University Press, 2000.

Gruen, Thomas, and Daniel Corsten, "Rising to the Challenge of Out-of-Stocks," *ECR Journal*, Vol. 2, No. 2, Winter 2002, pp.44-58.

Hammer, Michael, and James Champy, *Reengineering the Corporation: A Manifesto for Business Revolution*. New York: Harper Business, 1993.

Harris, Rick, Chris Harris, and Earl Wilson, *Making Materials Flow: A*

Lean Material-Handling Guide for Operations, Production-Control, and Engineering Professionals. Brookline, MA: Lean Enterprise Institute, 2003.

Hawken, Paul, Amory B. Lovins, and L. Hunter Lovins, *Natural Capitalism: The Next Industrial Revolution*. London: Earthscan, 1999.

Holweg, Matthias, and Fritz Pil, *The Second Century: Reconnecting Customer and Value Chain through Build-to-Order*. Cambridge, MA: MIT Press, 2004.

Humby, Clive, Terry Hunt, and Tim Phillips, *Scoring Points: How Tesco is Winning Customer Loyalty*. London: Kogan Page, 2003. 中譯本《捉住你的客戶》良品文化出版。

International Car Distribution Programme, *Fulfilling the Promise: What Future for Car Distribution?* Solihull, UK: International Car Distribution Programme, 2001.

Jacob, Julie, "Some Day Appointments Catching on with Doctors," Amednews.com, January 29, 2001, vvww.amaassn.org/amednews/2001/01/29/bisa0129.htm.

Johnson, Maureen, "The Store of Tomorrow," *ECR Journal*, Vol. 2, No. 1, Spring 2002, pp. 82-93.

Jones, Daniel T., "Thinking Outside the Box," *ECR Journal*, Vol. 1, No. 1, Summer 2001, pp. 80-89.

Jones, Daniel T., and Philip Clarke, "Creating a Customer Driven Supply Chain," *ECR Journal*, Vol. 2, No. 2, Winter 2002, pp. 28-37.

Jones, Daniel T., and James P. Womack, *Seeing the Whole: Mapping the Extended Value Stream*. Brookline, MA: Lean Enterprise Institute, 2002.

Kiff, John, "The Lean Dealership—A Vision for the Future: 'From Farming to Hunting,'" *Marketing and Intelligence Planning*, Volume 18, Number 3, 2000, pp. 112-126.

Klein, Naomi, *No Logo: Taking Aim at Brand Bullies*, New York: Picador, 2000. 中譯本《No Logo》時報出版。

Lean Enterprise Institute, *Lean Lexicon: A Graphical Glossary for Lean Thinkers*. Brookline, MA: Lean Enterprise Institute, 2004.

Lee, Hau L., "Intelligent Demand Based Management," *ECR Journal*, Spring 2002.

Lee, Hau L., "The Triple A Supply Chain," *Harvard Business Review*, October 2004.

Lee, Hau L., "Unleashing the Power of Intelligence," *ECR Journal*, Vol. 2, No. 1, Spring 2002, pp. 60-73.

Liker, Jeffrey K., *The Toyota Way*, New York: McGraw Hill, 2004. 中譯本《豐田模式》美商麥格羅‧希爾出版。

Matsuo, Hirofumi, and Yasuaki Takeda, "ECR: A "Fresh" Look from Japan," *ECR Journal*, Vol. 2, No. 2, Winter 2002, pp. 16-27.

McKinnon, Alan, et.al., "Running on Empty?", *ECR Journal*, Vol. 3, No. 1, Spring 2003, pp. 73-82.

Mitchell, Alan, *Right Side Up: Building Brands in the Age of the*

Organized Consumer. London: Harper Collins, 2001. 中譯本
《消費者行銷導向》中國生產力出版。

Moore, Gordon, "Going Solo: One Doc, One Room, One Year Later," *Family Practice Management*, March 2002, www.aafp.org/ fpm/20020300/25goin.html.

Pine, Joseph B., *Mass Customization: The New Frontier to Business Competition*. Boston: Harvard University Press, 1993.

Pine, Joseph B., and James H. Gilmore, *The Experience Economy: Work is Theatre and Every Business a Stage*. Boston: Harvard Business School Press, 1999. 中譯本《體驗經濟時代》經濟新潮社出版。

Porter, Michael, and Elizabeth Olmsted Teisberg, "Redefining Competition in Health Care," *Harvard Business Review*, June 2004.

Randolph, Greg, Mark Murray, Jill Swanson, and Peter Margolis, "Behind Schedule: Improving Access to Care for Children One Practice at a Time," *Pediatrics*, Vol. 113, No. 3 March 2004, pp. 230-237.

Rifkin, Jeremy, *The Age of Access: The New Culture of Hypercapitalism Where All of Life is a Paid-for Experience*. New York: Penguin Putnam, 2000. 中譯本《付費體驗的時代》遠流出版。

Romm, Joseph J., *Lean and Clean Management: How to Boost Profits and Productivity by Reducing Pollution*. New York: Kodansha International, 1994.

Rother, Mike, and John Shook, *Learning to See: Value Stream Mapping to Add Value and Eliminate Muda*. Brookline, MA: Lean Enterprise Institute, 1998. 中譯本《學習觀察》中衛出版。

Schwartz, Barry, *The Paradox of Choice: Why More Is Less*. New York: Ecco, 2004. 中譯本《只想買條牛仔褲：選擇的弔詭》天下雜誌出版。

Senge, Peter M., *The Fifth Discipline: The Art and Practice of the Learning Organization*. New York: Doubleday, 1990. 中譯本《第五項修練》天下文化出版。

Sewell, Carl, *Customers for Life: How to Turn a One-Time Buyer into a Lifetime Customer*. New York: Doubleday, 1990.

Shinohara, Isao, *NPS—New Production System: JIT Crossing Industry Boundaries*. Norwalk, CT: Productivity Press, 1988.

Simons, David, Mark Francis, and Daniel T. Jones, "Food Value Chain Analysis," in *Consumer Driven Electronic Transformation: Applying New Technologies to Enthuse Consumers and Transform the Supply Chain*, ed. by Georgis Doukidis et al, Amsterdam: Elsevier, 2005.

Simons, David, and Robert Mason, "Lean and Green: Doing More With Less," *ECR Journal*, Vol. 3, No. 1, Spring 2003, pp. 84-91.

Smalley, Art, *Creating Level Pull*. Brookline, MA: Lean Enterprise Institute, 2004.

Swank, Cynthia K., "The Lean Service Machine," *Harvard Business Review*, Vol. 81, No. 10, October 2003, pp. 123-129.

Toffler, Alvin, *The Third Wave*. New York: William Morrow, 1980. 中譯本《第三波》時報出版。

Tongue, Andrew, John Whiteman, and Daniel T. Jones, *Progress on the Road to Customer Fulfillment: ICDP Research 2000-2003*. Solihull, UK: International Car Distribution Programme, 2003.

Underhill, Paco, *Call of the Mall*. New York: Simon & Schuster, 2004.

Underhill, Paco, *Why We Buy: The Science of Shopping*. New York: Touchstone, 1999. 中譯本《花錢有理》時報出版。

Wikstrom, Solveig, and Richard Norman, *Knowledge and Value: A New Perspective on Corporate Transformation*. London: Routledge, 1994.

Womack, James P., Daniel T. Jones, and Daniel Roos, *The Machine that Changed the World*. New York: Rawson Macmillan, 1990.

Womack, James P., and Daniel T. Jones, *Lean Thinking: Banish Waste and Create Wealth in your Corporation*, 2nd Edition. New York: Free Press, 2003. 中譯本《精實革命》經濟新潮社出版。

Womack, James P., and Daniel T. Jones, "From Lean Production to the Lean Enterprise," *Harvard Business Review*, Vol. 72, No. 2, March-April 1994, pp. 93-103.

Womack, James P., and Daniel T. Jones, "Beyond Toyota: How to Root out Waste and Pursue Perfection," *Harvard Business Review*, Vol. 74, No. 5, September-October 1996, pp. 140-158.

Womack, James P., and Daniel T. Jones, "Lean Consumption," *Harvard Business Review*, Vol. 83, No. 3, March 2005, pp. 58-68.

Wright, Robert, Nonzero: *The Logic of Human Destiny*. New York: Little Brown, 2000. 中譯本《非零年代》張老師文化出版。

Zuboff, Shoshana and Jim Maxmin, *The Support Economy: Why Corporations Are Failing Individuals and the Next Episode of Capitalism*, New York: Viking, 2002.

經濟新潮社 〈經營管理系列〉

書　號	書　　　　名	作　　者	定價
QB1149	企業改造（修訂版）：組織轉型的管理解謎，改革現場的教戰手冊	三枝匡	550
QB1150	自律就是自由：輕鬆取巧純屬謊言，唯有紀律才是王道	喬可‧威林克	380
QB1151	高績效教練：有效帶人、激發潛力的教練原理與實務（25週年紀念增訂版）	約翰‧惠特默爵士	480
QB1152	科技選擇：如何善用新科技提升人類，而不是淘汰人類？	費維克‧華德瓦、亞歷克斯‧沙基佛	380
QB1153	自駕車革命：改變人類生活、顛覆社會樣貌的科技創新	霍德‧利普森、梅爾芭‧柯曼	480
QB1154	U型理論精要：從「我」到「我們」的系統思考，個人修練、組織轉型的學習之旅	奧圖‧夏默	450
QB1155	議題思考：用單純的心面對複雜問題，交出有價值的成果，看穿表象、找到本質的知識生產術	安宅和人	360
QB1156	豐田物語：最強的經營，就是培育出「自己思考、自己行動」的人才	野地秩嘉	480
QB1157	他人的力量：如何尋求受益一生的人際關係	亨利‧克勞德	360
QB1158	2062：人工智慧創造的世界	托比‧沃爾許	400
QB1159	機率思考的策略論：從消費者的偏好，邁向精準行銷，找出「高勝率」的策略	森岡毅、今西聖貴	550
QB1160	領導者的光與影：學習自我覺察、誠實面對心魔，你能成為更好的領導者	洛麗‧達絲卡	380
QB1161	右腦思考：善用直覺、觀察、感受，超越邏輯的高效工作法	內田和成	360
QB1162	圖解智慧工廠：IoT、AI、RPA如何改變製造業	松林光男審閱、川上正伸、新堀克美、竹內芳久編著	420
QB1163	企業的惡與善：從經濟學的角度，思考企業和資本主義的存在意義	泰勒‧柯文	400
QB1164	創意思考的日常練習：活用右腦直覺，重視感受與觀察，成為生活上的新工作力！	內田和成	360
QB1166	精實服務：將精實原則延伸到消費端，全面消除浪費，創造獲利（經典紀念版）	詹姆斯‧沃馬克、丹尼爾‧瓊斯	450

書　號	書　　名	作　者	定價
QB1129	**系統思考**：克服盲點、面對複雜性、見樹又見林的整體思考	唐內拉·梅多斯	450
QB1131	**了解人工智慧的第一本書**：機器人和人工智慧能否取代人類？	松尾豐	360
QB1132	**本田宗一郎自傳**：奔馳的夢想，我的夢想	本田宗一郎	350
QB1133	**BCG頂尖人才培育術**：外商顧問公司讓人才發揮潛力、持續成長的祕密	木村亮示、木山聰	360
QB1134	**馬自達Mazda技術魂**：駕馭的感動，奔馳的祕密	宮本喜一	380
QB1135	**僕人的領導思維**：建立關係、堅持理念、與人性關懷的藝術	麥克斯·帝普雷	300
QB1136	**建立當責文化**：從思考、行動到成果，激發員工主動改變的領導流程	羅傑·康納斯、湯姆·史密斯	380
QB1137	**黑天鵝經營學**：顛覆常識，破解商業世界的異常成功個案	井上達彥	420
QB1138	**超好賣的文案銷售術**：洞悉消費心理，業務行銷、社群小編、網路寫手必備的銷售寫作指南	安迪·麥斯蘭	320
QB1139	**我懂了！專案管理**（2017年新增訂版）	約瑟夫·希格尼	380
QB1140	**策略選擇**：掌握解決問題的過程，面對複雜多變的挑戰	馬丁·瑞夫斯、納特·漢拿斯、詹美賈亞·辛哈	480
QB1141	**別怕跟老狐狸說話**：簡單說、認真聽，學會和你不喜歡的人打交道	堀紘一	320
QB1143	**比賽，從心開始**：如何建立自信、發揮潛力，學習任何技能的經典方法	提摩西·高威	330
QB1144	**智慧工廠**：迎戰資訊科技變革，工廠管理的轉型策略	清威人	420
QB1145	**你的大腦決定你是誰**：從腦科學、行為經濟學、心理學，了解影響與說服他人的關鍵因素	塔莉·沙羅特	380
QB1146	**如何成為有錢人**：富裕人生的心靈智慧	和田裕美	320
QB1147	**用數字做決策的思考術**：從選擇伴侶到解讀財報，會跑Excel，也要學會用數據分析做更好的決定	GLOBIS商學院著、鈴木健一執筆	450
QB1148	**向上管理·向下管理**：埋頭苦幹沒人理，出人頭地有策略，承上啟下、左右逢源的職場聖典	蘿貝塔·勤斯基·瑪圖森	380

書　號	書　　　名	作　　者	定價
QB1102X	**最極致的服務最賺錢**：麗池卡登、寶格麗、迪士尼都知道，服務要有人情味，讓顧客有回家的感覺	李奧納多・英格雷利・麥卡・所羅門	350
QB1105	**CQ文化智商**：全球化的人生、跨文化的職場——在地球村生活與工作的關鍵能力	大衛・湯瑪斯、克爾・印可森	360
QB1107	**當責，從停止抱怨開始**：克服被害者心態，才能交出成果、達成目標！	羅傑・康納斯、湯瑪斯・史密斯、克雷格・希克曼	380
QB1108X	**增強你的意志力**：教你實現目標、抗拒誘惑的成功心理學	羅伊・鮑梅斯特、約翰・堤爾尼	380
QB1109	**Big Data大數據的獲利模式**：圖解・案例・策略・實戰	城田真琴	360
QB1110	**華頓商學院教你活用數字做決策**	理查・蘭柏特	320
QB1111C	**V型復甦的經營**：只用二年，徹底改造一家公司！	三枝匡	500
QB1112	**如何衡量萬事萬物**：大數據時代，做好量化決策、分析的有效方法	道格拉斯・哈伯德	480
QB1114	**永不放棄**：我如何打造麥當勞王國	雷・克洛克、羅伯特・安德森	350
QB1115	**工程、設計與人性**：為什麼成功的設計，都是從失敗開始？	亨利・波卓斯基	400
QB1117	**改變世界的九大演算法**：讓今日電腦無所不能的最強概念	約翰・麥考米克	360
QB1120X	**Peopleware**：腦力密集產業的人才管理之道（經典紀念版）	湯姆・狄馬克、提摩西・李斯特	460
QB1121	**創意，從無到有**（中英對照╳創意插圖）	楊傑美	280
QB1123	**從自己做起，我就是力量**：善用「當責」新哲學，重新定義你的生活態度	羅傑・康納斯、湯姆・史密斯	280
QB1124	**人工智慧的未來**：揭露人類思維的奧祕	雷・庫茲威爾	500
QB1125	**超高齡社會的消費行為學**：掌握中高齡族群心理，洞察銀髮市場新趨勢	村田裕之	360
QB1126	**【戴明管理經典】轉危為安**：管理十四要點的實踐	愛德華・戴明	680
QB1127	**【戴明管理經典】新經濟學**：產、官、學一體適用，回歸人性的經營哲學	愛德華・戴明	450

書　號	書　　　名	作　者	定價
QB1061	定價思考術	拉斐・穆罕默德	320
QB1062X	發現問題的思考術	齋藤嘉則	450
QB1063	溫伯格的軟體管理學：關照全局的管理作為（第3卷）	傑拉爾德・溫伯格	650
QB1069X	領導者，該想什麼？：運用MOI（動機、組織、創新），成為真正解決問題的領導者	傑拉爾德・溫伯格	450
QB1070X	你想通了嗎？：解決問題之前，你該思考的6件事	唐納德・高斯、傑拉爾德・溫伯格	320
QB1071X	假說思考：培養邊做邊學的能力，讓你迅速解決問題	內田和成	360
QB1075X	學會圖解的第一本書：整理思緒、解決問題的20堂課	久恆啟一	360
QB1076X	策略思考：建立自我獨特的insight，讓你發現前所未見的策略模式	御立尚資	360
QB1080	從負責到當責：我還能做些什麼，把事情做對、做好？	羅傑・康納斯、湯姆・史密斯	380
QB1082X	論點思考：找到問題的源頭，才能解決正確的問題	內田和成	360
QB1083	給設計以靈魂：當現代設計遇見傳統工藝	喜多俊之	350
QB1089	做生意，要快狠準：讓你秒殺成交的完美提案	馬克・喬那	280
QB1091	溫伯格的軟體管理學：擁抱變革（第4卷）	傑拉爾德・溫伯格	980
QB1092	改造會議的技術	宇井克己	280
QB1093	放膽做決策：一個經理人1000天的策略物語	三枝匡	350
QB1094	開放式領導：分享、參與、互動——從辦公室到塗鴉牆，善用社群的新思維	李夏琳	380
QB1095X	華頓商學院的高效談判學（經典紀念版）：讓你成為最好的談判者！	理查・謝爾	430
QB1098	CURATION策展的時代：「串聯」的資訊革命已經開始！	佐佐木俊尚	330
QB1100	Facilitation引導學：創造場域、高效溝通、討論架構化、形成共識，21世紀最重要的專業能力！	堀公俊	350
QB1101	體驗經濟時代（10週年修訂版）：人們正在追尋更多意義，更多感受	約瑟夫・派恩、詹姆斯・吉爾摩	420

經濟新潮社　　　〈經營管理系列〉

書　號	書　　　名	作　　者	定價
QB1008	殺手級品牌戰略：高科技公司如何克敵致勝	保羅・泰柏勒、李國彰	280
QB1015X	六標準差設計：打造完美的產品與流程	舒伯・喬賀瑞	360
QB1016X	我懂了！六標準差設計：產品和流程一次OK！	舒伯・喬賀瑞	260
QB1021X	最後期限：專案管理101個成功法則	湯姆・狄馬克	360
QB1023	人月神話：軟體專案管理之道	Frederick P. Brooks, Jr.	480
QB1024X	精實革命：消除浪費、創造獲利的有效方法（十週年紀念版）	詹姆斯・沃馬克、丹尼爾・瓊斯	550
QB1026	與熊共舞：軟體專案的風險管理	湯姆・狄馬克、提摩西・李斯特	380
QB1027X	顧問成功的祕密（10週年智慧紀念版）：有效建議、促成改變的工作智慧	傑拉爾德・溫伯格	400
QB1028X	豐田智慧：充分發揮人的力量（經典暢銷版）	若松義人、近藤哲夫	340
QB1041	要理財，先理債	霍華德・德佛金	280
QB1042	溫伯格的軟體管理學：系統化思考（第1卷）	傑拉爾德・溫伯格	650
QB1044	邏輯思考的技術：寫作、簡報、解決問題的有效方法	照屋華子、岡田惠子	300
QB1044C	邏輯思考的技術：寫作、簡報、解決問題的有效方法（限量精裝珍藏版）	照屋華子、岡田惠子	350
QB1045	豐田成功學：從工作中培育一流人才！	若松義人	300
QB1046	你想要什麼？：56個教練智慧，把握目標迎向成功	黃俊華、曹國軒	220
QB1049	改變才有救！：培養成功態度的57個教練智慧	黃俊華、曹國軒	220
QB1050	教練，幫助你成功！：幫助別人也提升自己的55個教練智慧	黃俊華、曹國軒	220
QB1051X	從需求到設計：如何設計出客戶想要的產品（十週年紀念版）	唐納德・高斯、傑拉爾德・溫伯格	580
QB1052C	金字塔原理：思考、寫作、解決問題的邏輯方法	芭芭拉・明托	480
QB1053X	圖解豐田生產方式	豐田生產方式研究會	300
QB1055X	感動力	平野秀典	250
QB1058	溫伯格的軟體管理學：第一級評量（第2卷）	傑拉爾德・溫伯格	800
QB1059C	金字塔原理II：培養思考、寫作能力之自主訓練寶典	芭芭拉・明托	450

國家圖書館出版品預行編目資料

精實服務：將精實原則延伸到消費端，全面消
　除浪費，創造獲利／詹姆斯‧沃馬克（James
　P. Womack），丹尼爾‧瓊斯（Daniel T. Jones）
　著；褚耐安譯. 三版. 臺北市：經濟新
　潮社出版：家庭傳媒城邦分公司發行, 2020.11
　　面；　公分. （經營管理；166）
　譯自：Lean solutions: how companies and
　customers can create value and wealth together
　ISBN 978-986-99162-6-4（平裝）

　1.顧客關係管理　2.生產管理　3.組織管理
496.5　　　　　　　　　　　　　109016594